先 进 制 造 理 论 研 究 与 工 程 技 术 系 列

含瓦斯水合物煤体声发射特征及损伤演化规律研究

康 宇 著

哈尔滨工业大学出版社
HARBIN INSTITUTE OF TECHNOLOGY PRESS

内 容 简 介

煤与瓦斯突出是制约煤矿安全生产的重要灾害。水合固化技术可通过瓦斯与水反应生成固体水合物，使气态瓦斯部分转变为固态的水合物，降低煤层瓦斯压力、增加煤体强度，达到防治煤与瓦斯突出的目的。声发射特征是评价瓦斯水合固化防突作用效果的重要指标。本书以含瓦斯水合物煤体为研究对象，结合其受载变形破坏过程力学特征，揭示瓦斯水合物形成过程声学特征变化规律；选取累计声发射振铃计数作为损伤变量，阐述其损伤特性影响规律；最后，采用数值模拟方法，选取接触黏结模型模拟常规三轴加载和循环加卸载下含瓦斯水合物煤体颗粒滑移等行为，从微观角度探索水合物饱和度、晶体类型等对煤体声发射特征影响机理。

本书内容可为研究瓦斯水合技术防治煤与瓦斯突出的技术人员提供理论参考。

图书在版编目(CIP)数据

含瓦斯水合物煤体声发射特征及损伤演化规律研究/
康宇著. —哈尔滨:哈尔滨工业大学出版社,2023.4
ISBN 978-7-5767-0759-5

Ⅰ.①含… Ⅱ.①康… Ⅲ.①煤突出-防治-研究 ②
瓦斯突出-防治-研究 Ⅳ.①TD713

中国国家版本馆 CIP 数据核字(2023)第 084094 号

策划编辑 张 荣
责任编辑 马毓聪
出版发行 哈尔滨工业大学出版社
社 址 哈尔滨市南岗区复华四道街 10 号 邮编 150006
传 真 0451-86414749
网 址 http://hitpress.hit.edu.cn
印 刷 哈尔滨圣铂印刷有限公司
开 本 720 mm×1 000 mm 1/16 印张 8.5 字数 166 千字
版 次 2023 年 4 月第 1 版 2023 年 4 月第 1 次印刷
书 号 ISBN 978-7-5767-0759-5
定 价 48.00 元

前　　言

煤与瓦斯突出是最严重的煤矿灾害之一。瓦斯水合固化防突技术通过瓦斯与水反应生成固体水合物,使气态的瓦斯部分转变为固态的水合物,降低煤层瓦斯压力,强化煤体力学性能,从而达到防治煤与瓦斯突出的目的。瓦斯水合物形成对煤体突出危险性影响是瓦斯水合固化防突技术的关键问题。声发射信号蕴含着丰富的煤体内部状态信息,对声发射信号的监测是预测煤与瓦斯突出发生的重要手段,也是判断煤体突出危险性的可靠指标。因此,为探究含瓦斯水合物煤体声发射特征,本书开展不同饱和度、晶体类型含瓦斯水合物煤体声发射试验,结合含瓦斯水合物煤体变形破坏的弹性阶段、屈服阶段、破坏阶段,揭示瓦斯水合物形成及其饱和度、晶体类型对突出煤体声学特征影响规律;选取累计声发射振铃计数作为损伤变量,阐述饱和度、围压、晶体类型对含瓦斯水合物煤体损伤特性影响规律;采用数值模拟方法,选取接触黏结模型模拟常规三轴加载和循环加卸载下含瓦斯水合物煤体颗粒滑移等行为,从微观角度探索水合物饱和度、晶体类型等对煤体声发射特征影响机理。

本书相关研究内容得到了国家自然科学基金青年基金项目"含瓦斯水合物突出煤体变形破坏过程声发射特征试验研究"(51704102)、黑龙江省创新人才项目"水合固化防突技术声发射判定标准建立"(UNPYSCT-2017142)的资助,特此衷心感谢国家自然科学基金委员会和黑龙江省教育厅。同时,感谢宝泰隆新材料股份有限公司博士后科研工作站在本书撰写过程中给予的帮助和支持。

由于作者水平有限,书中难免存在疏漏及不足之处,恳请读者批评指正。

作　者
2023 年 1 月

目　　录

第1章 绪 论

1.1 背景及意义

煤炭是我国经济发展的重要能源,广泛应用于发电、冶炼等主要基础产业。近年来,随着开采强度和需求的增大,煤矿开采深度以每年 8～12 m 的速度增加,高地应力现象表现突出,煤与瓦斯突出等动力灾害频发,对煤矿安全高效开采造成巨大影响,极大地威胁矿井工作人员的生命安全,是矿山开采面临的主要自然灾害之一,因此亟需对煤与瓦斯突出防治技术进行深入研究。

2005 年,吴强等提出了利用瓦斯水合物生成条件温和、储气能力强、不易快速分解的特点来防治煤与瓦斯突出的新思路,主要技术思想为:向煤层中注入含有促进剂的高压水,使瓦斯与水反应生成固体水合物,令气态的瓦斯转变为固态的水合物,降低煤层瓦斯压力;当采掘工作揭露煤层时,因为瓦斯水合物分解需要吸收大量的热量,煤层围岩、空气传热系数较小,导热能力差,所以破煤时由于供应热量不足,这些固态瓦斯水合物难以瞬间融化分解而形成高压瓦斯流,加之含瓦斯水合物煤相较于含瓦斯煤力学性质有所改善,于是可以达到防治煤与瓦斯突出的目的。

瓦斯水合固化防突应用基础研究主要包括两方面的科学问题:

(1)瓦斯水合物能否在煤层中形成? 能否更容易地形成? 即煤层中瓦斯水合物形成规律研究(瓦斯水合物热力学研究)和瓦斯水合物形成促进条件优选(瓦斯水合物动力学研究)。

(2)瓦斯水合物的形成能否消除煤与瓦斯突出危险性? 即瓦斯水合物形成后,突出煤体危险性变化规律。

针对上述关键科学问题(1),张保勇等开展了典型煤层中瓦斯水合物形成规律、促进剂影响机理等基础研究,获得了不同瓦斯组分、注水量/压力、煤体温度环境等条件下瓦斯水合物相平衡参数,建立了突出煤体中瓦斯水合固化相平衡热力学模型,筛选出了能有效改善瓦斯水合固化热力学和动力学条件的部分促进剂类型及其配比。

综合作用假说全面考虑了突出发生的作用力和介质两方面的主要因素,获得了众多学者的认可。综合作用假说认为煤与瓦斯突出是地应力、瓦斯压力与煤体物理力学性质三者共同作用的结果,其中,煤体物理力学性质是制约煤与瓦斯突出发生的重要因素。

针对上述关键科学问题(2),高霞等开展了含瓦斯水合物煤体三轴压缩试验,以影响因素与目标参数(应力–应变、弹性模量、峰值强度、黏聚力、内摩擦角等)变化关系揭示含瓦斯水合物煤体的力学性质,对比分析了含瓦斯煤体与含瓦斯水合物煤体力学性质差异,掌握了瓦斯水合物形成对煤体力学性质影响规律。

上述研究初步解决了瓦斯水合物能否在煤层中形成,能否更容易地形成的问题,并从力学性质角度部分回答了瓦斯水合物的形成能否消除煤与瓦斯突出危险性的问题。

在煤岩体受载破坏过程中其内部集聚的能量会以声发射(acoustic emission,AE)等信号形式释放。声发射信号蕴含着丰富的煤体内部状态信息。通过对声发射的监测与分析可以获取煤体内部损伤程度,并从内部损伤角度分析瓦斯水合物形成后,突出煤体声发射及力学特性变化规律,进而判断瓦斯水合固化效果。目前,关于含瓦斯水合物煤体力学性质方面的研究多集中于基本力学特性方面,难以对煤体在受载条件下内部损伤破坏的过程进行描述,难以基于外部信号判断瓦斯水合物形成后煤体力学特性。声发射现象与煤岩体内部损伤存在一定的联系,可以通过声发射现象来表示煤岩体内部微损伤程度,分析煤岩体破坏前兆信息。因此,开展含瓦斯水合物煤体声发射特征试验研究对发展基于瓦斯水合原理的煤与瓦斯突出防治技术来说十分必要。

1.2　国内外研究现状

1.2.1　煤岩体声发射特征研究现状

目前,针对煤体–瓦斯水合物体系进行的声发射特征研究较少,相关研究主要以煤岩体为研究对象。

1936 年,Forster 用测量仪器测量了马氏体相变中的声发射。美国矿山局的 Obert 用测量仪器测量了岩体的声发射。

20 世纪 50 年代初,德国科学家 Kaiser 在研究铜、锌等金属和合金形变过程中声发射现象时发现了 Kaiser 效应,又称声发射的不可逆性,同时提出了连续型和突发型声发射信号的概念,标志着现代声发射技术的开始。

1958 年,日本的佐佐木、山门参考了美国矿山局 Obert 的研究结果,开始了岩石中破坏应力的研究。20 世纪 70 年代,我国引入声发射技术后,陈隅等开展了常规三轴压缩、保轴压卸围压和保轴压增围压三种应力路径下岩石的声发射特征研究,发现岩石的声发射行为不仅与岩石应力状态有关,还与应力状态的变化有关(参数:声发射事件率、声发射总数、声发射时间序列)。曹树刚等研究了单轴压缩条件下突出煤体的声发射特征,认为声发射事件率的变化是非均衡过程,局部振动且跳跃性大,声发射振铃事件比能准确地反映煤体变形破坏中的声发射变化趋势。杨永杰进行了煤样压缩破坏过程的声发射试验,提出了确定煤样破裂预测时间的方法。之后的研究中,学者们逐渐意识到煤岩破裂过程的声发射特征还受煤岩的结构、加载条件、围压等的影响。

1. 关于煤岩结构、加载方式对声发射特征的影响的研究

杨建等以橄榄玄武岩、闪长玢岩、花岗岩和砂岩这 4 种不同岩性的岩石为研究对象,开展了单轴和三轴试验并获得了试验过程中声发射特征,发现在单轴和三轴下同种岩石具有相似的声发射特征,而单轴和三轴下的不同岩性岩石声发射特征则明显不同。他们对不同岩性岩石的声发射特征进行了分类。左建平对单体岩石、单体煤和煤岩组合体进行了单轴下的声发射测试,发现由于煤的强度较低且内部结构松软破碎,煤及煤岩组合体单位体积的声发射数要比岩石的高一个数量级。余贤斌等开展了砂岩、石灰岩单轴压缩、拉伸和劈裂试验,研究了其声发射时间序列特征。曹树刚等对突出煤体和砂岩进行了单轴压缩和分级加载蠕变声发射试验,发现单轴压缩时煤样声发射现象贯穿全过程,而砂岩在弹性段声发射信号较少,认为是初始损伤程度的差异导致的这类现象。张志博等提出了时-空维度聚类分析方法,将声发射事件划分为短、中、长三个键类,并认为这三个键类分别反映局部损伤、整体损伤和随机损伤过程。肖福坤等研究了剪切角度对原煤声发射特征的影响,发现声发射活动随着剪切角度的增大而在逐渐减弱。张浪等开展了原煤与型煤的声发射试验,对比分析了两种煤样在变形破坏过程中声发射信号的演变规律并对其机理进行了分析。刘汉龙等以煤岩复合体为研究对象,采用统计物理学的方式对复合岩的声发射信号进行了研究。Song 等研究了单轴条件下煤体声发射信号的各向异性,得到了时间相关的分形维数和声发射累计能量之间的关系。王笑然等开展了以含中心切口煤样为测试对象的三点弯曲实验,采用声发射和数字图像匹配技术追踪可视化了煤样裂纹扩展全过程,发现声发射主要来源于过程区内的微裂纹活动。卢志国等以富含不连续软弱面的煤岩体为对象,研究了其间断性力学行为,发现声发射 b 值在临近破坏前剧烈波动,表明煤体内部出现多尺度裂纹。杨科等发现不同高比"顶板–煤柱–底板"组合体整体失稳时声发射能量最大。牟宏伟等发现节理角度以 45° 为界显现差异化峰前峰后声发射特征。Meng 等制备了性质接近原煤的型煤试样,测试了不同围压下原煤和不同水泥含量型煤试样力学及声发射特征,发现在围压 5 MPa 下水泥含量①为 20% 的型煤试样力学及声发射特征与原煤最为接近。He 等对不同煤岩强度比的复合材料进行了单轴压缩和声发射试验,最终的声发射累积能表明,岩石强度提高了复合材料的抵抗变形能力。Liu 等分析了岩石切割过程声发射特征,认为声发射能的发展可以代表切割过程的不同阶段。Xia 等研究了夹层煤层倾角对岩体声发射特征影响,发现声发射模型经历了初始增长期、稳定增长期和快速下降期,声发射碰撞的值和声发射的生成受倾斜角度的大小影响。Li 等监测了煤体水力压裂过程声发射,发现声发射统计参数与水压曲线具有良好的正相关性。Zhang 等研究了真三轴载荷下含瓦斯煤声发射的分形特征,认为声发射时间序列具有分形特征,相关维数可以表征煤样的损伤程度。Yin 等研究了界面角度对煤灰回填材料声发射特征影响,发现声发射事件在峰后破坏阶段的后期出现了峰值波动。

2. 关于围压对声发射特征的影响的研究

雷兴林等以粗晶花岗闪长岩为研究对象开展了围压 50 MPa 下三轴压缩声发射试验,并与细晶花岗闪长岩对比,发现声发射的三维分布具有自相似结构。H. Alkan 等研究了三轴压缩时使用归一化声发射曲线确定盐岩扩容点的方法,并与体应变确定的扩容点相比较,得到了前者效果更好的结论。唐巨鹏等采用声发射监测技术,以阜新孙家湾突出煤层为研究对象,开展了深部矿井不同埋深下煤与瓦斯突出相似模拟试验,建立了声发射参数特征和煤与瓦斯突出前兆信息关系指标。孟召平等开展了不同围压下煤样声发射试验,讨论了围压对声发射影响机制。

3. 关于加载速率对声发射特征的影响的研究

许江等研究了等幅循环荷载下不同应力幅度和加载速率对声发射的影响,

---

① 本书提到的含量均指质量分数,若有不同,会在书中注明。

发现等幅循环荷载下改变上限应力对声发射影响显著,改变下限应力主要影响循环末期;加载速率增加会提高声发射率并加快岩石破坏过程。陈勉等发现,岩性不同条件下,加载速率对其 Kaiser 效应影响不同;砂岩、粗砂岩、泥岩加载速率较快时 Kaiser 点对应的应力值增大,但灰岩等脆性岩石加载速率对 Kaiser 点影响甚微。梁忠雨等以大理岩和红砂岩为研究对象开展了不同加载速率对声发射时间序列特征影响的研究,发现随加载速率增大,声发射能率和振铃率增大,声发射能量和振铃计数总和逐渐减小。万志军等运用断裂力学推导了加载速率与裂纹扩展的关系,并分析了加载速率对声发射影响的机理,认为加载速率越大裂纹越易发生失稳破坏并产生较多的声发射活动。吕森鹏等研究了加载速率对标准试样和带中心圆孔的花岗岩试样声发射特征的影响。Backers 等研究了砂岩三点弯曲试验中加载速率与声发射演化的关系。

4. 关于温度、水分等对声发射特征的影响的研究

张渊等研究发现长石细砂岩在温度影响下具有明显的声发射现象,声发射峰值区形成与砂岩裂纹网络形成有对应关系,且累计声发射振铃计数在70～90 ℃发生急剧变化,表明此温度是长石细砂岩裂纹发育的门槛值。陈隅等以0.4～12.5 ℃/min 的加热速率将 Westerly 花岗岩样品加热至120 ℃,发现温度超过60～70 ℃后,岩石中开始出现声发射现象,且此阈值温度与加热速率无关,加热速率越大声发射事件率越大。武晋文等以大尺寸鲁灰花岗岩为研究对象开展了高温三轴应力下声发射规律研究,发现恒定三轴应力下,随温度的升高岩石声发射现象间断发生,认为声发射的产生是岩石内部局部应力积累、释放的结果;花岗岩存在发生热破裂的门槛值温度,在轴压、围压均为 25 MPa 下其值为 120 ℃左右。蒋海昆等在高围压(400 MPa)和宽温度范围(20～850 ℃)下开展了花岗岩的声发射试验,发现温度对声发射数和声发射时间序列的 b 值影响较大,且声发射时间序列具有明显的多标度多分形特征。苏承东等研究了高温对煤样声发射特征的影响,发现高温后煤样声发射参数与温度的关系具有分段特征,其累计幅值和计数随温度升高先增加后减少,累计能量随温度变化具有波动性。Song 等研究了水含量和试样尺寸对煤力学及声发射特征影响,发现累积声发射计数和绝对声发射能量值随水含量增大而减少,随样品尺寸增大而增大,水含量较高的样品在峰值强度区域附近的声发射活性浓度增加。Wang 等采用自动语音识别方法分析了煤的声发射特征,认为自动语音识别领域的特征提取方法可用于煤样变形破坏过程的声发射特征分析,提取的声发射梅尔频率倒谱系数可用于评估其安全状态。Li 等发现液态 CO_2 饱和煤样在不稳定的裂纹扩展阶段表现出更大的塑性变形和更低的抗压强度,在断裂阶段表现出更多的声发射数量。Xu 等开展了酸性和碱性溶液弱化煤的力学及声发射特征研究,浸没煤样品的声发射曲线由 4 个阶段组成,分别对应应力-应变曲线的 4 个阶段:孔隙压实-闭合、缓慢上升的线性弹性状态、稳态前峰裂纹扩展和非稳态裂纹扩展。

以上研究表明:

(1)煤岩结构、加载方式对声发射特征影响显著。

(2)煤岩体因其复杂的结构和成分表现出了较复杂的力学行为与声发射特征,需深入研究其结构对声发射特征的影响。

(3)煤岩体变形破坏过程的声发射与其内部损伤密切相关,具有丰富的破坏前兆信息。

1.2.2　煤岩体离散元模拟研究现状

一些学者以含瓦斯水合物煤体为对象,研究了不同围压及水合物饱和度下含瓦斯水合物煤体的力学性质。然而,室内试验难以揭示复杂宏观现象的微观机制,采用离散元法根据物质本身的离散特性建立数值模型,则可以很好地模拟含瓦斯水合物这类本质为非连续性颗粒材料的煤体。

目前关于含瓦斯水合物煤体数值模拟的研究尚未有报道,国内外研究主要集中在其他材料的直剪试验、单轴及三轴试验的数值模拟上。

在直剪试验的数值模拟方面:Xu 等基于颗粒流程序的二次开发功能,建立了试样的颗粒流数值计算分析模型,实现了任意形状颗粒单元的生成。Anthony 等建立了饱和黏性土石混合体的三维直剪数值模型,研究了块石对土石混合体强度的影响。荆鹏对粒状土进行了直剪试验数值模拟,发现除剪切速度和刚度比外,接触刚度、摩擦系数等细观参数的选取均对宏观性质有很大影响。赵金凤等对土石混合体进行了直剪试验数值模拟,发现土石混合体的抗剪强度随着黏结强度的增加而增加。骆旭峰通过数值模拟发现在外荷载作用下,力链网络在剪切过程中起主要作用,配位数、孔隙率与接触力链网络相对应。

在单轴及三轴试验的数值模拟方面:金磊等建立了考虑真实不规则颗粒及其集合体的三维半真实的离散元模型。邢炜杰建立了黏性土的三轴试样模型,分析了细观参数的变化对黏性土宏观力学性质的影响。蒋明镜等提出了无厚度胶结颗粒的改进蒋氏模型,并通过对比提出的模型与离散元商业软件PFC2D 中的胶结接触模型,发现应变软化和体积剪胀显著,峰值内摩擦角基本随胶结强度增大而增大,更能反映胶结砂土的主要力学特性。宁孝梁利用 PFC 软件对黏土进行了细观模拟,发现刚度比主要影响泊松比及剪缩特性,法向黏结强度主要影响峰值强度和残余强度。孙逸飞等建立了循环荷载作用下的双轴剪切模型,发现试样的剪缩剪胀变化与围压有关,低围压下随着加载次数的增加变形快速增长,较高围压下随着加载次数的增加变形趋于稳定。Wang 等采用 PFC2D 建立了人工胶结砂土的三轴排水压缩数值模型,分析了胶结对强度与体变特征的影响,并从细观层面揭示了人工胶结砂土特性变化的内在机理。Ahthor 等、Ochiai 等对砂土进行了三轴压缩试验,研究了应力路径及沉积角方向对砂土强度与变形特征的影响。王锋对土石混合料进行了数值模拟试验,发现混合料内部起主要承载作用的是强力链,弱力链则起辅助作用。周世琛等对天然气水合物沉积物进行了不排水剪切数值模拟试验,发现在剪切过程中平均配位数先减小后增加,直至达到相对稳定值,接触力链网络经历了以环状力链为主—以柱状强力链为主—以屈曲力链为主的演化过程。

1.2.3　水合固化技术研究现状

　　自吴强等于 2005 年提出利用水合固化技术并从瓦斯水合物形成的热力学条件、水合物的透气性、融化等方面进行了水合固化技术可行性的探讨以来,一些学者在含水合物沉积物力学性质、含瓦斯水合物煤体力学性质、瓦斯水合物动力学和热力学三大领域取得了较多的成果。

1. 含水合物沉积物力学性质

　　国内外学者以海洋水合物安全开采为研究动机,以含水合物沉积物为研究对象,开展了一系列三轴加载试验,对含水合物沉积物变形破坏规律进行了研究。Winters 等对含水合物土原状样和室内制备渥太华砂土样进行了三轴压缩试验,发现水合物的生成增大了渥太华砂土样强度,认为此强化作用与孔隙空间内水合物量、水合物颗粒与沉积物颗粒的黏结有关。Li 等开展了不同围压下含水合物高岭土三轴压缩试验,发现在低围压范围内(围压小于 5 MPa)最大偏应力随围压的增大而增大,而在较高围压范围内(围压为 5 ~ 10 MPa)最大偏应力随围压的增大呈波动变化。Hyodo 等发现含水合物沉积物强度随水合物饱和度增大而增强,并认为这与颗粒之间的黏合有关。Yoneda 等以日本南海海槽的水合物原状样和试验室人工合成的含水合物沉积物砂样为研究对象,发现剪切强度和弹性模量随饱和度增大而增大,剪切强度随孔隙率减小而减小。Ghiassian 等开展了含水合物沉积物三轴剪切不排水试验,发现含水合物沉积物强度及刚度均随水合物饱和度增大而增大。Liu 等基于 CO_2 置换开采法背景,研究了 CH_4 水合物–CO_2 水合物–沉积物体系力学特性,发现试样破坏强度随 CO_2 水合物占比的增大而增大。Kajiyama 等研究了颗粒特性对含水合物介质力学响应的影响,发现相比于含水合物沉积物,含水合物圆形颗粒表现出明显的峰后应变软化特征,含水合物沉积物内摩擦角和黏聚力均随水合物饱和度增大而增大。Yan 等发现含水合物沉积物没有明显的峰值强度,表现出应变硬化特征,弹性模量随有效围压的增大而增大,饱和度对弹性模量影响较小。Luo 等研究了颗粒尺寸对含水合物沉积物力学稳定性的影响,发现大尺寸颗粒的含水合物沉积物具有更高的强度、更大的内摩擦角。Iwai 等研究了应变速率对含水合物沉积物力学特性的影响,发现在应变速率较低的条件下水合物饱和度对强度影响较小。Chuvilina 等开展了含 CH_4 水合物冻土单轴试验,发现当水合物饱和度低于 30% 时,冻土强度不再随水合物饱和度下降而降低。魏厚振等开展了含 CO_2 水合物沉积物三轴试验,发现较高水合物饱和度试样具有更大的黏聚力值,说明水合物对沉积物强度的增长作用主要是水合物胶结于沉积物骨架之中增大了沉积物黏聚力。于锋等研究了温度、围压、应变速率对含 CH_4 水合物沉积物强度影响,发现试样强度随围压、应变速率的增大而增大,随温度的升高而降低。李洋辉等以高岭土为沉积物骨架,研究了围压、温度和应变速率对含水合物沉积物力学性质影响,发现含水合物沉积物破坏强度随应变速率的增大而增大,在围压、温度较低的条件下,含水合物沉积物破坏强度随围压、温度的增大而增大,而随着围压、温度的进一步增大,试样强度开始平缓下降。颜荣涛等采用两种方法合成含水合物沉积物试样,发现非饱和成样法试样强度、刚度随水合物饱和度增大而增大,而在高饱和度条件下水合物饱和度增大对饱和试样气体扩散法试样强度影响较大。李令东等采用直接合成和混合成样两种方法制取含水合物沉积物试样,发现含水合物沉积物强度、弹性模量随饱和度增大而增大。刘芳等开展了含 THF 水合物沉积物和含 CH_4 水合物沉积物三轴试验,发现水合物的存在显著强化了沉积物的力学特性,沉积物强度随饱和度增大呈指数型增大。石要红等以南海海底粉质黏土为沉积物骨架,发现饱和度超过 25% 后,抗剪强度和黏聚力随饱和度增大而快速增大。鲁晓兵等以粉质黏土为沉积物骨架,通过三轴测试发现水合物量的增加会强化沉积物的力学特性。李彦龙等基于临界原理探讨了含水合物沉积物应变软化–硬化行为的机制,认为有效围压和饱和度共同控制了破坏模式。颜荣涛等建立了考虑温度和孔隙压力影响的损伤本构模型,通过与试验结果相互对比,发现该模型能很好地模拟含水合物沉积物应力-应变关系。吴起等以南海水合物储层砂为沉积物骨架,开展不同围压、初始孔隙压力条件下含水合物沉积物三轴试验,结果表明降压分解过程中,含水合物沉积物强度受有效应力和孔隙中水合物含量综合影响。

2. 含瓦斯水合物煤体力学性质

吴强等研究了不同晶体类型、围压条件下含瓦斯水合物煤体与含瓦斯煤体力学性质,发现水合物的存在能加强煤体的刚度和黏聚力,但对内摩擦角影响较小,含 II 型水合物煤体抵抗破坏能力更强,随围压的增大,煤样的应力-应变关系有从软化型转变为硬化型的趋势,煤样的抗压强度、变形模量、峰值强度、破坏角均增大。张保勇等研究了高饱和度、围压对含瓦斯水合物煤体的应力-应变特性影响,结果表明,不同围压下高饱和度含瓦斯水合物煤体应力-应变曲线呈软化型,初始屈服强度、峰值强度、残余强度均随饱和度增大而增大,不同特征点(初始屈服点、峰值点及残余阶段)含瓦斯水合物煤体的黏聚力相差较大,而内摩擦角的变化较小。高霞等开展了饱和度对含瓦斯水合物煤体强度与变形特性影响研究,结果表明,随饱和度增加,煤体峰值强度、弹性模量增加,饱和度对黏聚力和内摩擦角无明显影响。

3. 瓦斯水合物动力学和热力学

(1)瓦斯水合物动力学。

张保勇等开展了不同驱动力下瓦斯水合物生成试验,利用 Raman 显微光谱仪获取了水合物生成过程光谱图,结果表明,随着驱动力增加,相比于 C_2H_6, CH_4 逐渐占据更多的孔隙结构,水合物稳定性增强。分析认为,在 S_{II} 型水合物结构中小孔穴 CH_4 优先级最高,而大孔穴 C_2H_6 优先级最高。吴强等开展了不同 NaCl 浓度下瓦斯水合物生成试验,分析了 NaCl 浓度、瓦斯组分对瓦斯水合物成核诱导时间影响,结果表明,诱导时间随 NaCl 浓度增大而增大,随瓦斯组分中 CH_4 浓度升高而降低,随瓦斯组分中 C_3H_8 浓度升高先减小后增大。张强等开展了不同浓度 NaCl 与十二烷基硫酸钠(SDS)复合体系中瓦斯水合物成核动力学试验,结果表明,多组分瓦斯水合物形成诱导时间随瓦斯中 C_3H_8 浓度的升高而缩短,随 NaCl 质量分数在 0.5% ~3.5% 范围内升高而减小。他们还对其成核机理进行了初步探讨。吴强等开展了不同 CH_4 体积分数下瓦斯水合物生成试验,发现随 CH_4 体积分数增大,瓦斯水合物生成速率呈增大趋势。张保勇等开展了 4 种表面活性剂(T40、T80、SDS、SDBS)下瓦斯水合物生成试验,结果表明,表面活性剂的加入降低了溶液的表面张力,促进了烷烃类气体溶解,加快了晶核形成过程,加快了水合物形成的动力学进程。吴强等开展了不同煤体-表面活性剂体系中瓦斯水合物生成试验,结果表明,表面活性剂的加入缩短了诱导时间,提高了生成速度和含气率,含气率最高达到了 150%。孙登林等研究了记忆效应对瓦斯水合物生成诱导时间影响,发现在含有水合物分解五面体环等残余结构的试验体系中,诱导时间缩短到平时的 1/10~1/20。Wu 等开展了 4 种温度驱动力和两种气样下瓦斯水合物升温分解实验,发现分解速率随温度驱动力增大而呈近似线性增大,瓦斯水合物分解过程各气体组分浓度交替上升变化。

（2）瓦斯水合物热力学。

吴强等测定了 $CH_4—N_2—O_2$ 瓦斯混合气在纯水、TBAB 体系中的水合物相平衡条件并计算了分解热。张保勇等开展了不同 NaCl 浓度溶液体系中瓦斯水合物相平衡试验,结果表明,NaCl 使得水合物相平衡条件更为苛刻,加大了水合物生成的难度。他们还对相关机理进行了分析。吴强等利用相平衡温度搜索法和观察法开展了丙烷对瓦斯水合物相平衡影响试验,发现丙烷的加入改变了形成的水合物类型,大幅度改善了瓦斯水合物生成的热力学条件。吴琼等开展了 $CH_4—C_3H_8—C_2H_6$ 瓦斯混合气水合物相平衡试验,同样发现丙烷的加入使水合物类型由 I 型转变为了 II 型,提高了水合物相平衡温度。他们还结合 Chen-Guo 水合物生成理论分析了 C_3H_8 添加影响机理。吴强等开展了不同 THF 浓度溶液体系中瓦斯水合物生成试验,结果表明,THF 溶液浓度为 0.30 mol/L 时,气样 I 和 II 的瓦斯水合物临界生成压力分别比相平衡计算压力小 0.41 MPa 和 0.06 MPa,THF 能够很好地改善水合物生成的热力学条件。卢斌等利用径向基神经网络对瓦斯水合物相平衡进行了预测,取得了较好的效果。吴强等开展了不同表面活性剂条件下瓦斯水合物生成试验,研究了表面活性剂对瓦斯水合物生成热力学条件的影响,并提出了表面活性剂改变水合物生成热力学条件物理作用假说。吴强等开展了 5 组 II 型瓦斯水合物分解试验,利用 Clausius-Clapeyron 方程、数值分析理论、傅里叶定律及传热方程,建立了水合物分解热计算模型和水合物分解传热过程简化模型;计算了水合物分解热,明确了水合物分解过程中所需热量,煤层/空气传热介质的温度梯度及分解耗时等因素的关系。张强等利用正交试验法研究了干水对水合固化技术分离效果影响,发现干水中疏水性 SiO_2 质量分数与瓦斯气样配比是 CH_4 的回收率的显著影响因素。吴强等开展了 THF-SDS 复配体系中多组分瓦斯水合物生成试验,研究了气液比对含气量影响,结果表明,反应体系气液比的增大促进了瓦斯-溶液之间物质传递,加快了溶液过饱和状态的形成,提高了水合物中晶体孔穴填充率,致使水合物中含气量增大。Zhang 等开展了两种氨基酸和 THF 协同作用下低浓度瓦斯水合分离试验,发现 L-色氨酸(5 000 ppm,即质量分数 0.5%)将 CH_4 的回收率从 58.3% 提高到 71.4%,并使初始水合物生长速率提高了 130%,而 L-亮氨酸(5 000 ppm)对水合物动力学没有明显影响,但在水合物相中实现了最高的 CH_4 富集度。

1.3 含瓦斯水合物煤体声发射影响因素研究存在的问题

目前发现的水合物结构类型有 3 种,分别为 Ⅰ 型、Ⅱ 型和 H 型,其中 Ⅰ 型和 Ⅱ 型在自然界中较为常见,以瓦斯气样为原始气样生成的水合物多为 Ⅰ 型和 Ⅱ 型。煤岩体结构对其声发射特征有显著影响,晶体类型对含瓦斯水合物煤体力学性质有明显影响,因此,煤体中含有的水合物类型的改变也必然影响其声发射特征,而关于水合物晶体类型对其赋存煤体声发射特征影响的研究尚属空白。

饱和度是衡量煤体中水合物量多少的重要参数。饱和度越大代表煤体中水合物含量越高。水合物以不同分布模式(悬浮、支撑、黏结等)分布于煤体孔隙之中,显著改变了煤体的自身结构,有效增强了煤体力学性质,并且对煤体密度等物理性质也有一定影响,而关于水合物饱和度对煤体声发射特征影响的相关研究尚未见诸报道。

自然状态下煤体受力情况较为复杂,多处于三向受力环境之中,且开采时煤层多处于强卸荷等复杂作用力下,现有煤岩体声发射特征研究多集中于单轴条件下,三轴条件和复杂应力条件下煤岩体声发射特征研究较少,而关于三轴应力条件下含瓦斯水合物煤体声发射特征的研究更为少见。

1.4 研究内容与技术路线

1.4.1 研究内容

1.饱和度对含瓦斯水合物煤体声发射特征影响研究

基于水分完全参与水合反应的假设,通过控制煤样初始含水量进而控制水合物饱和度,制备不同水合物饱和度煤体试样并对其进行三轴加载直至破坏,得到不同饱和度含瓦斯水合物煤体加载过程声发射特征参数,结合含瓦斯水合物煤体变形破坏的弹性阶段、屈服阶段、破坏阶段,分析饱和度对煤体各变形破坏阶段声发射特征影响,揭示瓦斯水合物形成及其饱和度对突出煤体声学特性影响规律。

2. 晶体类型对含瓦斯水合物煤体声发射特征影响研究

参考井下实测瓦斯组分、浓度,配置相同组分、浓度的瓦斯气体,将瓦斯气体注入煤体中,于煤体中原位生成不同晶体类型的瓦斯水合物并对其进行三轴加载至破坏,采集加载过程含瓦斯水合物煤体应力–应变参数,同时利用声发射采集装置收集含瓦斯水合物煤体变形、破坏发出的声发射,分析晶体类型对煤体各阶段声发射振铃计数等参数影响规律。

3. 含瓦斯水合物煤体损伤演化规律研究

基于研究内容 1 和 2,根据损伤本构关系和理论,选取累计声发射振铃计数作为损伤变量,得到加载过程含瓦斯水合物煤体损伤演变规律,阐述饱和度、围压、晶体类型对含瓦斯水合物煤体损伤特性影响规律。

4. 受载含瓦斯水合物煤体数值模拟研究

采用数值模拟方法,基于颗粒流理论,选取接触黏结模型模拟常规三轴加载和循环加卸载下含瓦斯水合物煤体颗粒滑移等行为,从微观角度阐述水合物饱和度、晶体类型等对煤体声发射特征影响机理。

1.4.2　技术路线

本书技术路线图如图 1.1 所示,具体按照以下步骤开展含瓦斯水合物煤体声发射特征及损伤演化规律研究工作。

(1)准备瓦斯气源;前往曾发生过突出、有突出危险的煤矿企业,选取突出煤层煤样放入煤样罐,运送至制样室,制备成 ϕ50 mm×100 mm 型煤。

(2)采用煤体中瓦斯水合物原位生成与声发射特征测试一体化试验装置,模拟不同埋深下煤岩体受载条件,采用气过量法,在煤体内部形成水合物,得到含瓦斯水合物煤体试样;通过控制初始含水量控制水合物饱和度,制备不同饱和度的含瓦斯水合物煤体试样。

(3)开展不同饱和度的含瓦斯水合物煤体声发射试验,获取含瓦斯水合物煤体变形破坏过程声发射,分析饱和度对含瓦斯水合物煤体声发射特征影响规律。

(4)开展相同条件(含水量、围压)下含瓦斯煤体声发射试验,对比分析含瓦斯水合物煤体与含瓦斯煤体变形破坏过程声发射差异,揭示含瓦斯水合物形成对煤体声发射特征影响规律。

（5）利用复杂组分瓦斯（含少量的 C_2H_6）,结合根据之前关于晶体类型的研究,形成 Ⅱ 型瓦斯水合物,分析晶体类型对含瓦斯水合物突出煤体声发射特征影响规律。

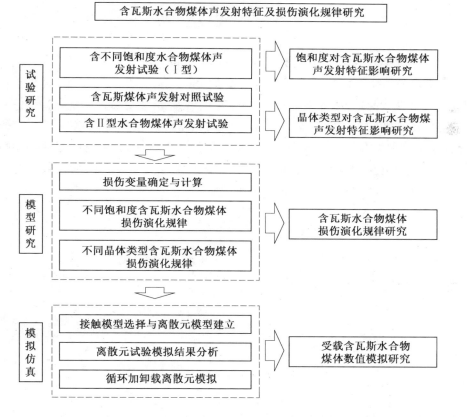

图 1.1　含瓦斯水合物煤体声发射特征及损伤演化规律研究技术路线图

（6）结合含瓦斯水合物煤体变形破坏的压密阶段、弹性阶段、屈服阶段、破坏阶段,划分含瓦斯水合物煤体变形破坏过程声发射特征阶段,阐述含瓦斯水合物煤体变形破坏过程声发射变化规律。

（7）采用唯象学方法（通过概括试验事实而得到物理规律的方法）,选取声学特征参量作为损伤变量,描述含瓦斯水合物煤体变形破坏过程中的损伤变化。

（8）基于离散元模拟理论，结合含水合物沉积物相关模拟研究，选择接触模型，建立含瓦斯水合物煤体离散元模型，对比模拟与试验结果对应关系，并对模型参数进行修正。

（9）模拟煤炭开采对煤体受载条件影响，开展循环加卸载下含瓦斯水合物煤体三轴试验，分析不同加载方式、饱和度对煤体声电特性影响。

1.5　本 章 小 结

本章介绍了含瓦斯水合物煤体声发射研究的目的及意义，综述了声发射、离散元模拟及水合固化防突领域的相关文献研究成果，在此基础上，分析了现有研究存在的问题，如关于饱和度、晶体类型、三轴应力对含瓦斯水合物煤体声发射特征影响的相关研究较少等问题，并针对上述问题，引出了本书的 4 个研究内容，分别为饱和度对含瓦斯水合物煤体声发射特征影响研究、晶体类型对含瓦斯水合物煤体声发射特征影响研究、含瓦斯水合物煤体损伤演化规律研究，以及受载含瓦斯水合物煤体数值模拟研究。

第2章 煤体中瓦斯水合物原位生成与声发射特征测试一体化试验装置

2.1 试验材料选取

为使试样性质近似于有煤与瓦斯突出危险煤体,试验采用煤样取自龙煤集团新安煤矿具有突出倾向性的8$^\text{上}$煤层。据新安煤矿报告显示,其煤层坚固性系数为0.4、瓦斯绝对涌出量为12.83 m^3/min、相对瓦斯涌出量为6.88 m^3/t,部分测点瓦斯压力可达0.89 MPa。根据《煤与瓦斯突出矿井鉴定规范》(AQ 1024—2006),新安煤矿8$^\text{上}$煤层具有煤与瓦斯突出倾向性。蒸馏水为试验室自制。所用CH_4气体购自哈尔滨通达气体有限公司。气样G1组分(体积分数):99.99%的CH_4。气样G2组分(体积分数):81%的CH_4,9%的C_2H_6,10%的N_2。

2.2 试样制备

发生煤与瓦斯突出的煤层力学性能较差,原煤取样成功率低,即使其中的硬块制备成了样品,也难以代表整个煤层的性质,因此,本试验采用均匀度更好、制备成功率高、更具代表性的型煤作为试样,制备过程如下。

(1)将由井下取出的煤样用防水薄膜严密包裹,放入样品箱运送回试验室,避免煤样水分发生变化。

(2)将煤样由样品箱中取出,放入粉碎机内打碎为煤粉。

(3)取一定量煤粉放入筛分机内,充分筛分得到60~80目粒径的煤粉。

(4)将一定量60~80目粒径煤粉与蒸馏水放入搅拌器内,设置搅拌速度为124 r/min,搅拌持续时间为15 min,取出充分搅拌后的煤粉放入模具内,将装有煤粉的模具放置于压力机(图2.1(a))上,施加97 kN的力并持续30 min,取出压制成型的ϕ50 mm×100 mm型煤试样,选取端面不平行度不超过0.05 mm的进行下一步烘干。

(5)将选取好的型煤试样放入烘干箱内,设定烘干温度为50 ℃,每隔

20 min取出一次称重,当型煤试样质量接近目标质量时,缩短称重间隔,确保型煤试样内水分为目标值。当型煤试样质量达到目标质量后,将型煤试样取出并用保鲜膜严密包裹,直接装入三轴室内进行声发射试验。本书采用气过量法,基于水分完全反应的假设,通过控制型煤试样初始含水量来控制水合物饱和度。

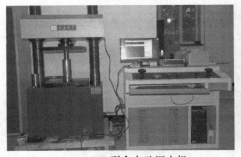

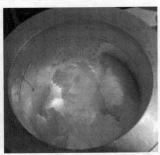

(a) Y-200 型全自动压力机　　　　(b) 型煤试样　　　　(c) 水合物照片

图2.1　压力机、型煤试样与水合物照片

2.3　试验装置

为了研究含瓦斯水合物煤体声发射特征,本书作者自主设计了一套煤体中瓦斯水合物原位生成与声发射特征测试一体化试验装置。该装置主要由多功能煤岩夹持器、声发射信号采集分析系统、温度控制系统、气体压力控制系统、试验数据采集系统构成。该装置可在原位生成瓦斯水合物的基础上,获得不同晶体类型、饱和度、加载条件及添加剂下含瓦斯水合物煤体的声发射特征,满足本试验对设备的各种要求,其实物图和示意图分别如图2.2和2.3所示。

图2.2　煤体中瓦斯水合物原位生成与声发射特征测试一体化试验装置实物图

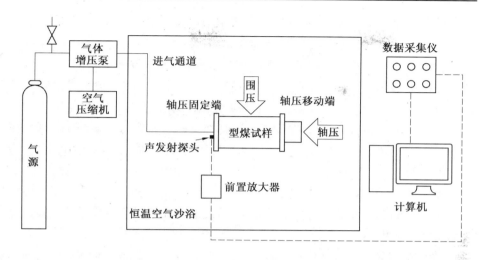

图2.3 煤体中瓦斯水合物原位生成与声发射特征测试一体化试验装置示意图

1. 多功能煤岩夹持器

该试验装置的核心部分——多功能煤岩夹持器的结构示意图如图2.4所示。适用型煤试样尺寸为 $\phi 50$ mm×100 mm,可对型煤试样施加不同围压、轴压,监测和收集温度、压力、位移等数据,轴向位移传感器型号为 TR25,量程为 $0 \sim 25$ mm。

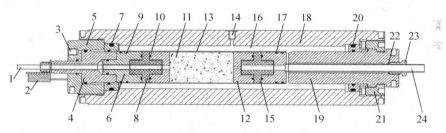

图2.4 多功能煤岩夹持器结构示意图

1,24—进气管路;2—位移传感器;3—轴压注液孔;4—轴压活塞;5,21—紧固螺纹;6,12—加压垫块;7,9,10,17,20,22—O形密封圈;8,15—绝缘垫块;11—型煤试样;13—橡皮膜;14—围压注液孔;16—围压室;18—夹持器腔体;19—快开堵头;23—密封螺纹

2. 声发射信号采集分析系统

声发射是指材料局部因能量的快速释放而放出瞬态弹性波的现象,通过采集声发射信号,可以反推材料内部损伤演化规律,为材料破坏预测提供理论基础。

本试验采用的是美国物理声学公司生产的 SH-Ⅱ 全天候健康监测系统声

发射信号采集分析系统,该系统主要由声发射探头、前置放大器、滤波器、主放大器、计算机及相应的数据处理与分析软件构成。

轴压固定端与型煤试样之间为固体垫块,有利于声发射信号的传递,因此将声发射探头布置于轴压固定端(图 2.3)。声发射探头的作用是将接收到的声发射信号转化为电信号,其直接与被检测型煤试样相接触,是信号采集分析系统的第一环节,其性能尤其是动态响应特性对能否捕捉到型煤试样的真实声发射信号影响极大。本试验采用的声发射探头型号为 SR150M,尺寸为 $\phi 19$ mm×15 mm,频率范围为 $60 \sim 400$ kHz,谐振频率为 300 kHz,质量为 22 g,使用温度为 $-20 \sim 120$ ℃,灵敏度峰值大于 75 dB。现有研究表明室内岩石力学试验声发射频率为几十到几百千赫兹,此声发射探头频率范围覆盖了大多数声发射应用的范围,足以满足试验需求。

前置放大器作用主要有两方面:一是匹配后置处理电路与检测器件之间的阻抗,将传感器的高输出阻抗转换为低输出阻抗。为防止输入信号过大造成影响,其还应具有抗电冲击的保护能力和抗阻塞现象的恢复能力,并且具有比较大的输出动态范围。二是将传感器接收的微弱声发射信号(有时会低至几微伏)进行放大,从而使声发射信号不失真地被利用。本试验采用 PSA 前置放大器,工作温度为 $20 \sim 60$ ℃,质量为 300 g,响应频率为 1.3 kHz ~ 1.2 MHz,增益有 20 dB、40 dB、60 dB 三挡可选,噪声小于 24 dB,具有足够的负载能力和抗干扰能力。

滤波器置于前置放大器之内,作用是使被测信号频率不超出滤波器的带宽,并将无用的频率信号滤除。本试验采用的滤波器有 $20 \sim 1\,200$ kHz(60 dB 增益时 $20 \sim 630$ kHz)、$100 \sim 400$ kHz、$20 \sim 120$ kHz、$1 \sim 40$ kHz 4 挡可用,而岩石类材料信号频率多为几千赫兹到几百千赫兹,完全能够满足试验要求。

主放大器进一步放大经过滤波器的信号,以便后续的信号处理,提供60 dB的增益。

声发射分析处理软件为 SEA,可任意选择参数进行实时提取、显示、存储,参数包括过门限时间、峰值到达时间、幅度、振铃计数、持续时间、RMS(mV)、ASL(dB)、门限、上升时间、上升计数、能量、质心频率、峰值频率等多种声发射特征参数;可选择带通、高通、低通、带阻等数字滤波方式,任意设置滤波上下限,以控制采集卡上的数字滤波功能;连续波形采样率可任意设置,实时显示FFT 波形,多种窗函数可供选择;自动传感器测试可设定发射脉宽及发射间隔,可各通道轮流自动测试。

3. 温度控制系统

温度是影响水合物生成、稳定性的重要因素。试验对温度要求较高,一旦温度波动过大,会影响体系内水合物的稳定状态,降低试验的精确性。为更好地对温度进行控制,本试验温度控制系统的核心装置采用了高低温恒温箱,如图2.5所示。高低温恒温箱可快速调节箱体内温度到达设定值,温度范围为 $-20 \sim 60$ ℃,温度波动在0.5℃以内;温度均匀度在±1.8℃范围内;升温时间,$25 \sim 60$ ℃约20 min;降温时间,$25 \sim -20$ ℃约20 min;升、降温速率,升温大于或等于 $2 \sim 3$ ℃/min,降温大于或等于1℃/min;采用高精度温度控制器,低能耗高亮度 LED 显示,SP、PV 双窗口显示,轻触按键操作,PID 调节方式;采用PT100 铂热电阻(理论 A 级)传感器;采样周期为200 ms,输入精度为0.3%;可完成温度升降的精密控制。

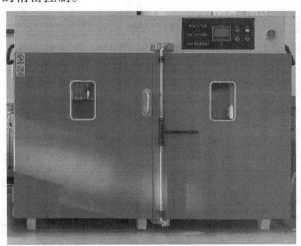

图2.5　高低温恒温箱

4. 气体压力控制系统

气体压力控制系统由空气压缩机、气体增压泵、高压管阀组成。其中,空气压缩机(图2.6(a))为台湾捷豹生产的 ET-80 型风冷微油润滑压缩机,功率为5.5 kW,排气量为 0.96 m³/min;气体增压泵(图2.6(b))型号为 HPB-1400-S050P4BS050,最大驱动压力为 0.69 MPa,流量为95 L/min,最小预增压力为3.45 MPa,最大输出压力为37.9 MPa,在额定压力范围内可任意调控输送。气体增压系统配置了 PID 压力控制器,可以实现试验过程恒压和进气过程压力精确控制。试验系统配备高精度压力传感器,传感器极限承压为40 MPa,测量精度为±0.01 MPa,压力信号通过试验数据采集系统储存在计算机中,并在外置显示屏上实时显示。此外,为排除试验进行过程中空气的存在造成的气体浓度误差,准确测量瓦斯气体量的变化,试验前应对试验系统进行反复置换处理,以排除试验反应釜和连接管路中的空气。

(a) 空气压缩机   (b) 气体增压泵

图 2.6   气体增压装置

5. 试验数据采集系统

试验反应装置内配备高精度的温度和压力传感器,通过实时数据服务器和监控组态软件构成的数据采集模块,可准确地将温度和压力随时间变化的数据录入计算机。本试验所用压力传感器和温度传感器具有较好的耐高压、低温的特性,其中压力传感器为 Huba 压力传感器,其测压范围为 0 ~ 25 MPa,信号输出为 4 ~ 20 mA,测量精度为±0.01 MPa,如图 2.7(a) 所示。温度传感器为 Pt 温度传感器,其测温范围为 -15 ~ 100 ℃,测量精度为±0.01 ℃,在高压 50 MPa 的条件下可正常工作,其外部为高强不锈钢,内部填充导热材料和密封材料灌封而成,可精确完成本试验的测量工作,如图 2.7(b) 所示。

(a) Huba 压力传感器   (b) Pt 温度传感器

图 2.7   数据传感器

2.4　试验方法及过程

　　针对含瓦斯水合物煤体声发射特征,获取加载过程饱和度、晶体类型对其声学特征参数影响,试验具体步骤如下。

　　(1)使用热缩管将制备好的型煤试样与夹持器的上下堵头包裹到一起,放入夹持器内,将声发射探头安装在轴压固定端,缓慢施加 0.5 MPa 的围压,向夹持器内通入 0.1 MPa 的 CH_4,然后排空,反复 3 次以确保排掉管道和夹持器内的空气。

　　(2)施加围压至 5 MPa,气压至 4 MPa,保持 12 h,使气体充分溶解于水中。设定高低温恒温箱温度为 0.5 ℃,开始降温,当温度低于 CH_4 压力所对应的相平衡温度后,发生由水合物生成所导致的压力下降,当压力保持不变 12 h 后,认为水合物生成结束,开始含瓦斯水合物煤体声发射特征测试。

　　(3)施加围压、气压至目标值,以 0.01 mm/s 的速度施加轴压直至型煤试样破坏或型煤试样轴向应变达到 15%,试验结束,收集试验数据并分析,更换型煤试样及试验条件进行下一组试验。

2.5　饱和度控制

　　饱和度是衡量水合物对煤体声学特性影响的重要参数,而饱和度控制是本书的关键技术难题。饱和度控制方法主要有两种:一是水过量法,试验开始向煤样一次性注入瓦斯气体,之后关闭阀门,开始水合反应,随着气相空间内瓦斯气体进入水合物笼内形成水合物,气相压力逐渐降低,当反应稳定后,气相压力会保持不变,稳定一段时间后,即可判断水合物生成结束,根据水合反应初始和结束时刻的温度、压力,结合气体状态方程,可以计算煤样中水合物饱和度;二是气过量法,在水合反应过程中,每当气相压力降低一定量,就补充气体,直至气相压力不再下降为止,假设煤样中水分完全反应,根据初始含水量计算饱和度。

　　两种饱和度控制方法均有优缺点。水过量法中,计算得到的饱和度较为准确,但由于部分水未参与反应,最终饱和度较低,限制了试验饱和度设定范围,且水合物生成随机性也会造成相同初始条件下最终饱和度的不同。气过量法中,煤体表面会存在不参与水合反应的少量结合水,使得实际饱和度低于计算饱和度,但相同初始温度、压力下不同含瓦斯水合物煤样饱和度差别较小,便于进行较为准确的试验结果分析与讨论。

综上所述,因气过量法具有不同含瓦斯水合物煤样饱和度差别较小、饱和度范围较广等优点,本书采用气过量法在煤样中生成水合物,进而开展饱和度、晶体类型等因素对含瓦斯水合物煤体声发射特征参数影响试验。

某一水合物饱和度所需的初始含水量计算过程具体如下。

饱和度 S_h 是指水合物体积与煤孔隙总体积的比值,即

$$S_h = \frac{V_h}{V_m} \times 100\% \tag{2.1}$$

式中　V_h——水合物体积;

　　　V_m——煤孔隙总体积。

由式(2.1)可知,在煤孔隙总体积相同条件下不同饱和度对应不同水合物体积。煤孔隙总体积可通过式(2.2)计算:

$$V_m = m_s V_g \tag{2.2}$$

式中　m_s——煤样质量,260 g(经验值);

　　　V_g——同一粒径下三次测试孔容的平均值。

在煤孔隙总体积已知的条件下,给定目标饱和度为 20% 、40% 、60% 和 80% ,则水合物质量可由式(2.3)计算得出:

$$m_h = V_h \rho_h \tag{2.3}$$

式中　m_h——水合物质量;

　　　ρ_h——水合物密度。

假设生成的 CH_4 水合物为 I 型水合物,其密度为 $\rho_h = 0.91$ g/cm^3。

而对于 CH_4 气体,其水合过程可由化学方程式表示:

$$8CH_4 + 46H_2O \Longleftrightarrow 8CH_4 \cdot 46H_2O \tag{2.4}$$

则有

$$m_w = m_h \times (46 \times 18) / (46 \times 18 + 8 \times 16) \tag{2.5}$$

式中　m_w——达到目标饱和度所需水的质量。

假设水分完全参与反应生成水合物,可通过式(2.5)计算确定不同饱和度所需水的质量,即初始含水量。在试验中可通过控制煤样初始含水量达到控制煤体内水合物饱和度的目的。初始含水量计算结果见表2.1。

表2.1　初始含水量计算结果

粒径	饱和度/%	初始含水量/g
60~80 目	20	8.25
	40	16.49
	60	24.74
	80	32.98

2.6　本章小结

本章介绍了试验所使用的各项材料、构成试验装置的各系统及其详细的功能、参数,详细描述了型煤试样制备的过程,说明了选取型煤试样的原因,阐述了试验方法与过程、饱和度控制方法的选取理由,为后续试验研究提供了硬件基础和理论指导。

第3章 饱和度对含瓦斯水合物
煤体声发射特征影响研究

3.1 饱和度对含瓦斯水合物煤体声发射特征影响试验概述

饱和度是水合物体积与煤体孔隙总体积的比值,是衡量水合物含量的重要参数,被广泛应用于评价水合物对水合物-介质体系力学、声学性质影响。含水合物沉积物力学性质研究表明:在饱和度较低条件下,含水合物沉积物的力学性质由沉积物的刚度和强度决定;在饱和度较大条件下,含水合物沉积物的力学性质主要由水合物决定。水合物对煤体力学性质的影响主要是由于水合物颗粒填充或胶结于煤体颗粒,强化了煤体的力学特性,随饱和度增大,强化作用也增强,同时,水合物含量的多少也会对煤体的声发射特征产生影响。因此,研究饱和度对含瓦斯水合物煤体声发射特征的影响,有助于深入了解水合物对煤体各性质的影响机制,为水合固化技术提供理论基础和试验数据。

为探究饱和度对含瓦斯水合物煤体声发射特征影响,采用气过量法,通过控制初始含水量来制备不同饱和度煤样,开展 4 种饱和度(20%、40%、60%、80%)、4 种围压(5 MPa、7 MPa、9 MPa、11 MPa)下含瓦斯水合物煤体声发射试验,得到加载过程含瓦斯水合物煤体声发射特征参数变化规律。使用 G1 纯 CH_4 气样,CH_4 体积分数为 99.99%。瓦斯水合物受温度、压力条件影响较大,温度、压力发生变化会影响瓦斯水合物的稳定,温度为 20 ℃时,CH_4 相平衡压力达到 20 MPa 以上。受试验装置限制难以开展高压下含瓦斯水合物煤体声发射试验,因此,为探求探究饱和度对含瓦斯水合物煤体声发射特征影响规律,依据水合物相平衡条件,选取试验温度为 0.5 ℃、气压为 4 MPa。围压受埋藏深度等影响较大,本书围压参照煤层实际测量地应力确定。具体试验条件见表3.1。现场实际中反应气体压力环境通过中高压注水来实现,水合物分解热较高,需要大量热量才能使分解进行,而煤矿现场环境难以提供水合物分解所需的热量,水合物生成后能够保持较稳定状态,实现瓦斯压力下降、煤体强度提升目的,进而降低煤与瓦斯突出危险性,达到防突目的。

表3.1　饱和度对含瓦斯水合物煤体声发射特征影响试验条件

试验编号	气样	温度/℃	气压/MPa	围压/MPa	饱和度/%
Ⅰ-5-20					20
Ⅰ-5-40					40
Ⅰ-5-60				5	60
Ⅰ-5-80					80
Ⅰ-7-20					20
Ⅰ-7-40					40
Ⅰ-7-60				7	60
Ⅰ-7-80					80
Ⅰ-9-20	G1	0.5	4		20
Ⅰ-9-40					40
Ⅰ-9-60				9	60
Ⅰ-9-80					80
Ⅰ-11-20					20
Ⅰ-11-40					40
Ⅰ-11-60				11	60
Ⅰ-11-80					80

前期研究发现,瓦斯水合物生成于煤体孔隙空间之中,能有效改善煤体力学特性,但含瓦斯水合物煤体力学特性是通过三轴室内试验获得的,而煤矿实际开采环境下难以通过三轴室内试验获取瓦斯水合物生成对煤体力学特性影响。声发射信号蕴含着丰富的煤体内部状态信息,也与力学特性表现出较强的相关性。通过对声发射信号的监测与分析可以间接获取瓦斯水合物生成对煤体力学特性影响,并从声发射角度分析瓦斯水合物形成后,突出煤体声发射及力学特性变化规律,进而判断瓦斯水合固化效果。因此,本书开展相同条件下含瓦斯煤体与含瓦斯水合物煤体声发射试验,获取加载过程含瓦斯煤体、含瓦斯水合物煤体应力-应变曲线和声发射特征参数曲线,分析瓦斯水合物生成对

煤体声发射特征影响规律,具体试验条件见表3.2。

表3.2 瓦斯水合物生成对煤体声发射特征影响试验条件

试验编号	气样	温度/℃	气压/MPa	围压/MPa	含水量/g
G-5-1					8.25
G-5-2				5	16.49
G-5-3					24.74
G-5-4					32.98
G-7-1					8.25
G-7-2				7	16.49
G-7-3					24.74
G-7-4	G1	20	4		32.98
G-9-1					8.25
G-9-2				9	16.49
G-9-3					24.74
G-9-4					32.98
G-11-1					8.25
G-11-2				11	16.49
G-11-3					24.74
G-11-4					32.98

3.2 饱和度对含瓦斯水合物煤体声发射特征影响试验研究

3.2.1 三轴加载过程不同饱和度含瓦斯水合物煤体声发射特征演变规律

1. 加载过程不同饱和度含瓦斯水合物煤体声发射振铃计数演变规律

声发射振铃计数是指越过门槛信号的振荡次数,累计声发射振铃计数是指一定阶段内声发射振铃计数的累计值。声发射振铃计数能够较好地反映声发射信号的强度和频度,被广泛应用于声发射活动性评价,因此,本书以声发射振铃计数为特征参数对含瓦斯水合物煤体声发射特征变化规律进行介绍。在围压 5 MPa 和饱和度 20% 、40% 、60% 、80% 下过载过程含瓦斯水合物煤体应力-应变曲线和声发射振铃计数如图 3.1~3.4 所示(图中,与横轴垂直的竖线代表声发射振铃计数,过点 A 和 B 的曲线代表偏应力 $\sigma_1-\sigma_3$,不过点 A 和 B 的曲线代表累计声发射振铃计数)。由图可知,含瓦斯水合物煤体应力-应变曲线呈应变硬化型,声发射振铃计数与应力响应具有一定相关性。含瓦斯水合物煤体应力-应变曲线主要由弹性阶段、屈服阶段和破坏阶段构成,各阶段特征如下。

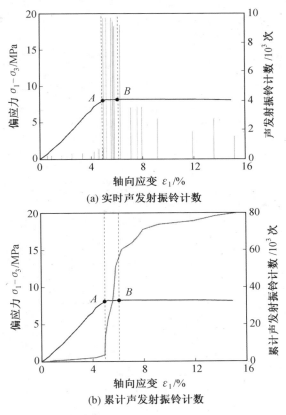

(a) 实时声发射振铃计数

(b) 累计声发射振铃计数

图 3.1　加载过程含瓦斯水合物煤体应力-应变曲线和声发射振铃计数
(围压 5 MPa、饱和度 20%)

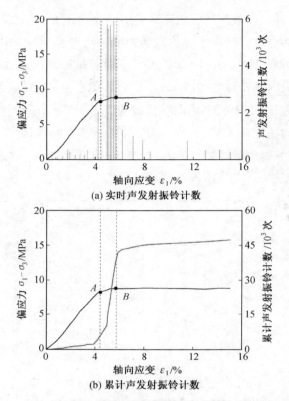

(a) 实时声发射振铃计数

(b) 累计声发射振铃计数

图 3.2　加载过程含瓦斯水合物煤体应力–应变曲线和声发射振铃计数
（围压 5 MPa、饱和度 40%）

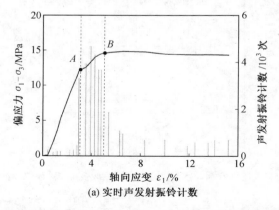

(a) 实时声发射振铃计数

图 3.3　加载过程含瓦斯水合物煤体应力–应变曲线和声发射振铃计数
（围压 5 MPa、饱和度 60%）

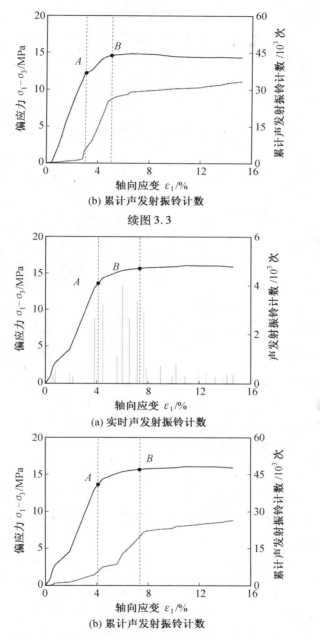

(b) 累计声发射振铃计数

续图 3.3

(a) 实时声发射振铃计数

(b) 累计声发射振铃计数

图 3.4　加载过程含瓦斯水合物煤体应力–应变曲线和声发射振铃计数
（围压 5 MPa、饱和度 80%）

（1）弹性阶段（OA 段）：应力与应变呈近似线性变化关系，压密现象不明显，累计声发射振铃计数增长缓慢，产生少量声发射事件，弹性阶段声发射振铃计数仅占总累计声发射振铃计数的 3.48%（饱和度 20%）、8.97%（饱和度 40%）、15.06%（饱和度 60%）、16.49%（饱和度 80%），说明在加载初期煤体发生弹性变形，裂纹的发生与扩展较少，少量声发射事件主要来源于煤颗粒滑移摩擦和微裂隙的闭合。含瓦斯水合物煤体弹性阶段较长，其对应轴向应变范围为 0～4.93%（饱和度 20%）、0～4.41%（饱和度 40%）、0～3.07%（饱和度 60%）、0～4.11%（饱和度 80%）。不同饱和度含瓦斯水合物煤体弹性阶段声发射振铃计数占比及对应轴向应变范围差别较小。

（2）屈服阶段（AB 段）：随应力增大，含瓦斯水合物煤体承受的荷载逐渐超过弹性极限，应力-应变曲线斜率由 A 点开始变大，煤体发生不可恢复的塑性变形，声发射振铃计数突增一般发生在屈服点 A 前后，之后检测出较为剧烈的声发射活动，声发射振铃计数一直保持在较高水平。屈服阶段声发射振铃计数增长较快，屈服阶段声发射振铃计数占总累计声发射振铃计数的一半以上，占比分别为 60.50%（饱和度 20%）、70.51%（饱和度 40%）、60.55%（饱和度 60%）、64.95%（饱和度 80%）。这说明屈服阶段煤体微裂隙、微裂纹开始形成并快速不稳定扩展，标志着破坏前兆。含瓦斯水合物煤体屈服阶段较短，其对应轴向应变范围为 4.93%～6.06%（饱和度 20%）、4.41%～5.67%（饱和度 40%）、3.07%～5.05%（饱和度 60%）、4.11%～7.33%（饱和度 80%）。不同饱和度含瓦斯水合物煤体屈服阶段声发射振铃计数占比，对应轴向应变范围差别较小。

（3）破坏阶段（B 点之后）：随着应力进一步增大，在破坏点 B 前后出现了声发射振铃计数峰值，微裂隙、微裂纹逐渐发育为贯通裂纹，破坏后含瓦斯水合物煤体仍能保持一定的承载能力，呈现应变硬化特征，产生一定量声发射活动，此阶段声发射事件较多，声发射振铃计数占总累计声发射振铃计数的 36.01%（饱和度 20%）、20.52%（饱和度 40%）、24.39%（饱和度 60%）、18.56%（饱和度 80%）。含瓦斯水合物煤体破坏阶段较长，其对应轴向应变范围为 6.06%～15.15%（饱和度 20%）、5.67%～15.02%（饱和度 40%）、5.05%～15.19%（饱和度 60%）、7.33%～14.60%（饱和度 80%）。不同饱和度含瓦斯水合物煤体破坏阶段声发射振铃计数占比及对应轴向应变范围差别较小。

在围压 7 MPa 和饱和度 20%、40%、60%、80% 下加载过程含瓦斯水合物煤体应力-应变曲线和声发射振铃计数如图 3.5 ~ 3.8 所示(图中,与横轴垂直的竖线代表声发射振铃计数,过点 A 和 B 的曲线代表偏应力 $\sigma_1 - \sigma_3$,不过点 A 和 B 的曲线代表累计声发射振铃计数)。由图可知,围压 7 MPa 下加载过程不同饱和度含瓦斯水合物煤体应力-应变曲线与声发射振铃计数具有较好一致性。围压 7 MPa 下,不同饱和度含瓦斯水合物煤体弹性阶段、破坏阶段较长,屈服阶段较短。弹性阶段,声发射事件较少,累计声发射振铃计数增长幅度较小,弹性阶段声发射振铃计数仅占总累计声发射振铃计数的 2.12%(饱和度 20%)、4.98%(饱和度 40%)、15.48%(饱和度 60%)、22.51%(饱和度 80%)。之后,随着轴向应力的不断增大,应力-应变曲线逐渐发生倾斜,进入屈服阶段,声发射振铃计数突然增大多发生于屈服点 A 前后。在屈服阶段,声发射振铃计数一直保持较高的活跃水平,累计声发射振铃计数增长迅速,屈服阶段声发射振铃计数占总累计声发射振铃计数的 69.53%(饱和度 20%)、75.14%(饱和度 40%)、72.99%(饱和度 60%)、54.01%(饱和度 80%)。轴向应力继续增大,应力-应变曲线近似于平行,进入破坏阶段,声发射振铃计数峰值多出现于破坏点 B 前后,说明此阶段煤体产生了贯通裂纹,发生了破坏,未发现明显应力跌落现象,破坏点后仍有少量声发射事件产生,但累计声发射振铃计数变化幅值较小,说明破坏点后声发射事件主要由贯通面滑移产生。破坏阶段声发射振铃计数仅占总累计声发射振铃计数的 28.35%(饱和度 20%)、19.88%(饱和度 40%)、11.54%(饱和度 60%)、23.49%(饱和度 80%)。

在围压 9 MPa 和饱和度 40%、60%、80% 下加载过程含瓦斯水合物煤体应力-应变曲线和声发射振铃计数如图 3.9 ~ 3.12 所示(图中,与横轴垂直的竖线代表声发射振铃计数,过点 A 和 B 的曲线代表偏应力 $\sigma_1 - \sigma_3$,不过点 A 和 B 的曲线代表累计声发射振铃计数)。由图可知,围压 9 MPa 下加载过程含瓦斯水合物煤体声发射振铃计数具有与围压 5 MPa 和 7 MPa 下相似的演变规律,弹性阶段较长,累计声发射振铃计数增大较慢,占总累计声发射振铃计数比例较小,分别为 15.17%(饱和度 20%)、5.51%(饱和度 40%)、5.76%(饱和度 60%)、16.22%(饱和度 80%)。屈服阶段较短,累计声发射振铃计数增长较快,占总累计声发射振铃计数比例较大,最大占比可达 60.35%。破坏阶段较长,累计声发射振铃计数增长较快,占总累计声发射振铃计数比例范围为 23.43% ~ 44.06%。

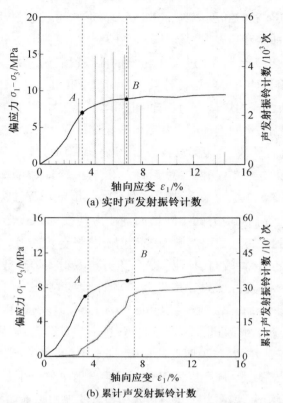

图 3.5　加载过程含瓦斯水合物煤体应力–应变曲线和声发射振铃计数
（围压 7 MPa、饱和度 20%）

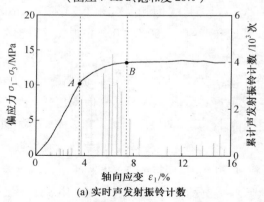

(a) 实时声发射振铃计数

图 3.6　加载过程含瓦斯水合物煤体应力–应变曲线和声发射振铃计数
（围压 7 MPa、饱和度 40%）

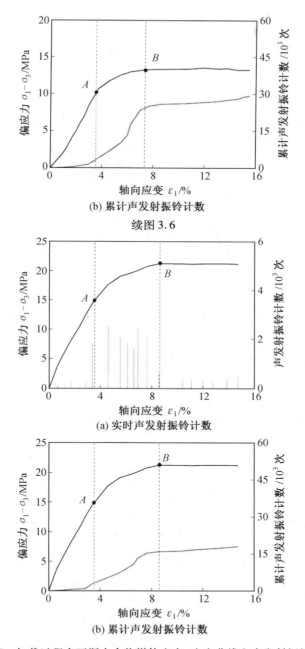

(b) 累计声发射振铃计数

续图 3.6

(a) 实时声发射振铃计数

(b) 累计声发射振铃计数

图 3.7　加载过程含瓦斯水合物煤体应力-应变曲线和声发射振铃计数
（围压 7 MPa、饱和度 60%）

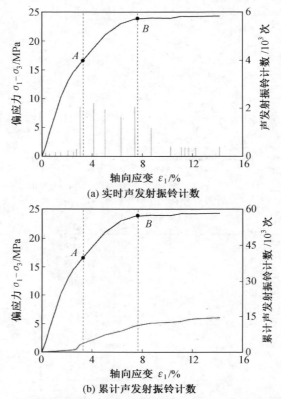

(a) 实时声发射振铃计数

(b) 累计声发射振铃计数

图 3.8　加载过程含瓦斯水合物煤体应力-应变曲线和声发射振铃计数
（围压 7 MPa、饱和度 80%）

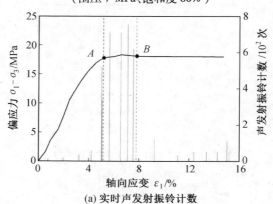

(a) 实时声发射振铃计数

图 3.9　加载过程含瓦斯水合物煤体应力-应变曲线和声发射振铃计数
（围压 9 MPa、饱和度 20%）

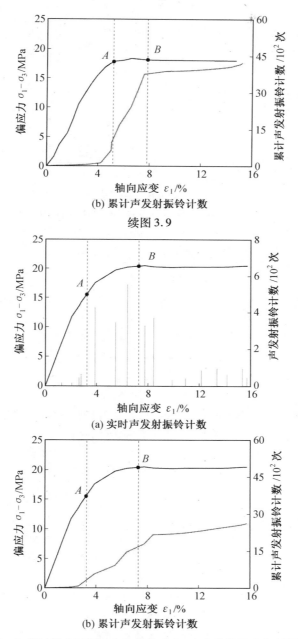

(b) 累计声发射振铃计数

续图 3.9

(a) 实时声发射振铃计数

(b) 累计声发射振铃计数

图 3.10　加载过程含瓦斯水合物煤体应力–应变曲线和声发射振铃计数
（围压 9 MPa、饱和度 40%）

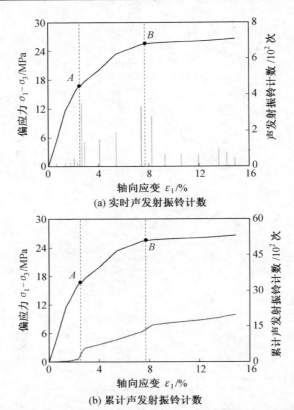

(a) 实时声发射振铃计数

(b) 累计声发射振铃计数

图 3.11　加载过程含瓦斯水合物煤体应力-应变曲线和声发射振铃计数
（围压 9 MPa、饱和度 60%）

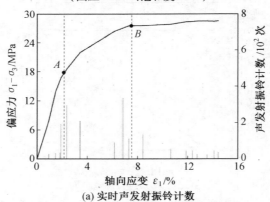

(a) 实时声发射振铃计数

图 3.12　加载过程含瓦斯水合物煤体应力-应变曲线和声发射振铃计数
（围压 9 MPa、饱和度 80%）

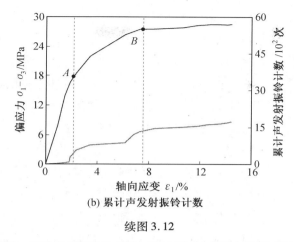

(b) 累计声发射振铃计数

续图 3.12

　　在围压 9 MPa 和饱和度 40% 下加载过程含瓦斯水合物煤体应力–应变曲线和声发射振铃计数如图 3.10 所示。由图可知,轴向应变在 0 ~ 3.8% 范围内,煤体应力–应变曲线斜率基本不变,处于弹性阶段,在轴向应变为 1.26%、2.04%、2.62%、2.78% 时,分别产生了具有一定声发射振铃计数的声发射事件,对应声发射振铃计数分别为 0.18×10^2 次、0.18×10^2 次、0.45×10^2 次、0.64×10^2 次,声发射振铃计数整体水平较小,说明较小轴向应变范围内煤体颗粒滑移、微裂隙发育等均处于较低水平。当轴向应变达到 3.87% 时,出现了第一次声发射振铃计数突增,声发射振铃计数由较低的 0.18×10^2 ~ 0.64×10^2 次突增到 4.26×10^2 次,此时煤体应力–应变曲线斜率开始变小,发生屈服现象,出现不可恢复的塑性变形,颗粒滑移加剧和微裂隙发育加快,导致声发射振铃计数的突增,随后在轴向应变 3.87% ~ 7.80% 范围内出现了多次声发射振铃计数高值及声发射振铃计数峰值,此阶段声发射振铃计数增大迅速,此阶段声发射振铃计数占总累计声发射振铃计数比例较高,说明此时煤体内部发生了剧烈的颗粒滑移和快速的微裂隙发育,进而导致了煤体声发射振铃计数的迅速增大,预示煤体即将发生破坏。轴向应变超过 7.80% 后,煤体已经发生破坏,但仍能继续承载应力,产生少量声发射事件和较低水平的声发射振铃计数。

　　在围压 9 MPa 和饱和度 60% 下加载过程含瓦斯水合物煤体应力–应变曲线和声发射振铃计数如图 3.11 所示。由图可知,轴向应变在 0 ~ 2.66% 范围内,声发射振铃计数较小,最大声发射振铃计数为轴向应变 2.07% 时的 0.42×10^2 次,煤体处于弹性阶段,微裂隙发育程度较低,产生少量声发射事件。轴向应变达到 2.66% 时,出现了第一次声发射振铃计数突增,声发射振铃计数达到了 $3.51×10^2$ 次,说明煤体内部颗粒滑移较为剧烈,出现不可恢复的塑性变形。在轴向应变范围 2.67% ~7.89% 内出现了多次声发射振铃计数高值,在轴向应变 7.41% 处产生了在围压 9 MPa 和饱和度 60% 下的声发射振铃计数峰值,为 $3.29×10^2$ 次,说明此阶段煤体内部发生了剧烈的颗粒滑移和快速的微裂隙发育,预示着煤体即将破坏。轴向应变超过 7.89% 后,煤体产生少量较低水平的声发射振铃计数,煤体仍能够承载一定量的应力,呈现应变硬化特征。

在围压 9 MPa 和饱和度 80% 下加载过程含瓦斯水合物煤体应力–应变曲线和声发射振铃计数如图 3.12 所示。由图可知,随饱和度增大,弹性阶段对应的轴向应变范围呈缩小趋势,围压 9 MPa 和饱和度 40%、60%、80% 下弹性阶段对应的轴向应变范围分别为 0~3.8%、0~2.66%、0~1.82%。随饱和度增大,屈服阶段对应的轴向应变范围呈增大趋势,围压 9 MPa 和饱和度 40%、60%、80% 下弹性阶段对应的轴向应变范围分别为 3.8% ~7.80%、2.66% ~7.89%、1.82% ~7.83%。声发射振铃计数峰值随饱和度增大呈减小趋势。相比于饱和度 40% 和 60% 的煤体,饱和度 80% 的煤体声发射振铃计数水平较小,饱和度 80% 的煤体声发射振铃计数峰值出现在轴向应变 6.83% 处,为 $3.37×10^2$ 次,而饱和度 40% 和 60% 的煤体声发射振铃计数峰值分别为 $5.53×10^2$ 次和 $3.29×10^2$ 次。而且,饱和度 80% 的煤体声发射振铃计数峰值与第一个声发射振铃计数高值相差较小,仅为 $0.45×10^2$ 次,小于饱和度 40% 的煤体的 $1.27×10^2$ 次。这可能是由于水合物胶结或填充于煤体孔隙空间之中,饱和度增大说明煤体中水合物含量增大,即水合物胶结或填充作用增强,进而限制了加载过程煤颗粒滑移与微裂隙发育,导致较低的声发射振铃计数峰值。

在围压 11 MPa 和饱和度 20%、40%、60%、80% 下加载过程含瓦斯水合物煤体应力–应变曲线和声发射振铃计数如图 3.13 ~3.16 所示(图中,与横轴垂直的竖线代表声发射振铃计数,过点 A 和 B 的曲线代表偏应力 $\sigma_1-\sigma_3$,不过点 A 和 B 的曲线代表累计声发射振铃计数)。由图可知,围压 11 MPa 下加载过程不同饱和度含瓦斯水合物煤体应力–应变曲线与声发射振铃计数具有较好一致性。围压 11 MPa 下,不同饱和度含瓦斯水合物煤体弹性阶段、破坏阶段较长,屈服阶段较短。弹性阶段,声发射事件较少,累计声发射振铃计数增长幅度较小,弹性阶段声发射振铃计数仅占总累计声发射振铃计数的 16.50%(饱和度 20%)、19.20%(饱和度 40%)、14.31%(饱和度 60%)、20.64%(饱和度

80%）。之后,随着轴向应力的不断增大,应力-应变曲线逐渐发生倾斜,进入屈服阶段,声发射振铃计数突然增大多发生于屈服点 A 前后,在屈服阶段,声发射振铃计数一直保持较高的活跃水平,累计声发射振铃计数增长迅速,屈服阶段声发射振铃计数占总累计声发射振铃计数的 61.49%（饱和度 20%）、56.42%（饱和度 40%）、68.25%（饱和度 60%）、70.81%（饱和度 80%）。轴向应力继续增大,应力-应变曲线近似于平行,进入破坏阶段,声发射振铃计数峰值多出现于破坏点 B 前后,说明此阶段煤体产生了贯通裂纹,发生了破坏,未发现明显应力跌落现象,破坏点后仍有少量声发射事件产生,但累计声发射振铃计数变化幅值较小,说明破坏点后声发射事件主要由贯通面滑移产生,破坏阶段声发射振铃计数仅占总累计声发射振铃计数的 22.02%（饱和度 20%）、24.39%（饱和度 40%）、17.43%（饱和度 60%）、8.55%（饱和度 80%）。

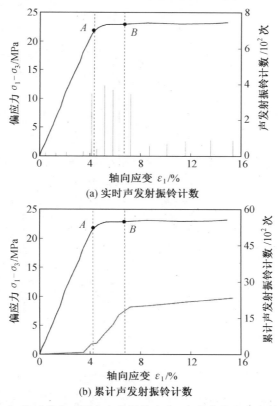

图 3.13　加载过程含瓦斯水合物煤体应力-应变曲线和声发射振铃计数
（围压 11 MPa、饱和度 20%）

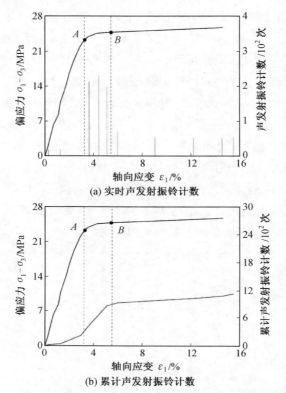

(a) 实时声发射振铃计数

(b) 累计声发射振铃计数

图 3.14　加载过程含瓦斯水合物煤体应力-应变曲线和声发射振铃计数

（围压 11 MPa、饱和度 40%）

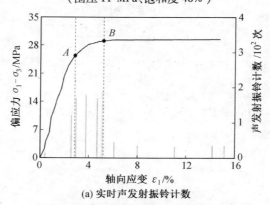

(a) 实时声发射振铃计数

图 3.15　加载过程含瓦斯水合物煤体应力-应变曲线和声发射振铃计数

（围压 11 MPa、饱和度 60%）

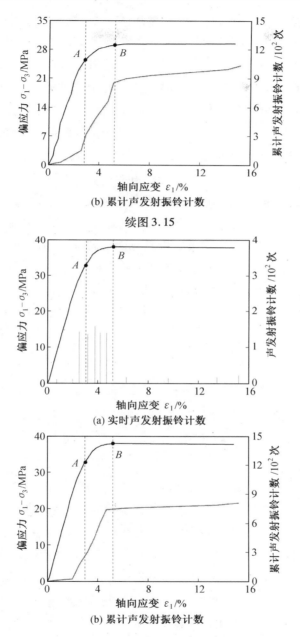

(b) 累计声发射振铃计数

续图 3.15

(a) 实时声发射振铃计数

(b) 累计声发射振铃计数

图 3.16　加载过程含瓦斯水合物煤体应力-应变曲线和声发射振铃计数

（围压 11 MPa、饱和度 80%）

2. 加载过程不同饱和度含瓦斯水合物煤体声发射能量、声发射幅值演变规律

声发射能量是能量计数即事件信号检波包络线下的面积,声发射幅值是事件信号波形的最大振幅值。声发射能量和声发射幅值是较为常用的声发射特征参数,本书采用声发射能量和声发射幅值对含瓦斯水合物煤体加载过程声学特性进行分析。不同围压、饱和度下含瓦斯水合物煤体加载过程声发射能量、声发射幅值具有相似的变化规律,因此,本书以围压 5 MPa、饱和度 40% 为例进行介绍。在围压 5 MPa、饱和度 40% 下加载过程含瓦斯水合物煤体声发射能量变化如图 3.17 所示(图中,过点 A 和 B 的曲线代表偏应力 $\sigma_1-\sigma_3$,与横轴垂直的竖线代表声发射能量)。由图可知,声发射能量与声发射振铃计数具有相似的变化规律,弹性阶段,含瓦斯水合物煤体释放少量声发射能量,声发射能量水平较低,临近屈服点时,出现第一个声发射能量高值;屈服阶段,声发射能量水平较高,出现声发射能量峰值,含瓦斯水合物煤体声发射活动较为剧烈,释放较高水平声发射能量;破坏阶段,仍有少量声发射能量产生。

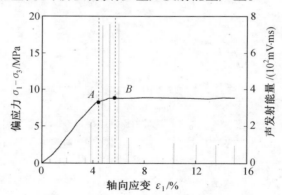

图 3.17　加载过程含瓦斯水合物煤体声发射能量变化

(围压 5 MPa、饱和度 40%)

在围压 5 MPa、饱和度 40% 下加载过程含瓦斯水合物煤体声发射幅值变化如图 3.18 所示(图中,过点 A 和 B 的曲线代表偏应力 $\sigma_1-\sigma_3$,与横轴垂直的竖线代表声发射幅值)。由图可知,声发射幅值与声发射振铃计数具有相似的变化规律,弹性阶段,含瓦斯水合物煤体声发射幅值较小,临近屈服点时,出现第一个声发射幅值高值;屈服阶段,声发射幅值水平较高,出现声发射幅值峰值,含瓦斯水合物煤体声发射活动较为剧烈;破坏阶段,仍有少量声发射事件产生,且声发射幅值较小。

综上所述,加载过程声发射能量、声发射幅值与声发射振铃计数表现出相似的变化规律,仅在具体数值范围上有一定差异,因此本书选取声发射振铃计数作为声发射特征参数,分析加载过程含瓦斯水合物煤体声发射特征演化规律及饱和度、晶体类型对含瓦斯水合物煤体声发射特征影响。

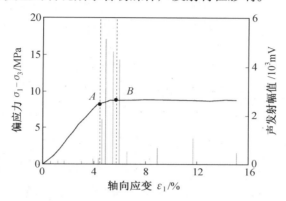

图 3.18　加载过程含瓦斯水合物煤体声发射幅值变化
（围压 5 MPa、饱和度 40%）

3.2.2　饱和度对含瓦斯水合物煤体声发射振铃计数影响

1. 饱和度对含瓦斯水合物煤体总累计声发射振铃计数影响

饱和度是水合物体积与煤体孔隙总体积的比值,是衡量水合物量和影响水合物–煤体系性质的重要参数,由于水量差别、水合物生成随机性等原因,瓦斯水合固化防突技术可能产生饱和度差异较大的含瓦斯水合物煤体,因此,为研究饱和度对含瓦斯水合物煤体三轴加载全过程声发射特征影响,根据图 3.1 ~ 3.16 所示加载过程不同饱和度含瓦斯水合物煤体累计声发射振铃计数,得到不同饱和度和围压下含瓦斯水合物煤体累计声发射振铃计数如图 3.19 所示。由图可知,相同围压下,累计声发射振铃计数随饱和度增大而近似线性减少,围压 5 MPa 下累计声发射振铃计数降低幅度最大,饱和度由 40% 增大至 80%,累计声发射振铃计数降低为原来的 57%,围压 7 MPa 和 9 MPa 下分别降低为原来的 46% 和 34%。随着围压的增大,饱和度对含瓦斯水合物煤体累计声发射振铃计数影响变小,拟合得到的曲线斜率呈明显减小趋势,说明围压的增大会限制饱和度变化对煤体声发射振铃计数影响。

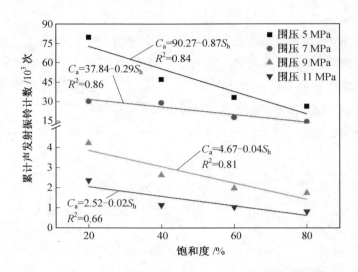

图 3.19　不同饱和度和围压下含瓦斯水合物煤体累计声发射振铃计数

对相同围压、不同饱和度下含瓦斯水合物煤体累计声发射振铃计数进行拟合,含瓦斯水合物煤体累计声发射振铃计数拟合曲线如图 3.19 所示,不同围压下拟合式分别为 $C_a = 90.27 - 0.87S_h$(围压 5 MPa)、$C_a = 37.84 - 0.29S_h$(围压 7 MPa)、$C_a = 4.67 - 0.04S_h$(围压 9 MPa)、$C_a = 2.52 - 0.02S_h$(围压 11 MPa),拟合度 R^2 分别为 0.84、0.86、0.81、0.66。受限于室内试验开展的难度和复杂程度,试验获取的数据量较少,为了增强试验数据对现场条件预测的能力,利用拟合方法获取累计声发射振铃计数与饱和度关系式,可基于拟合关系式确定试验条件范围内某一饱和度对应的累计声发射振铃计数,为瓦斯固化防突技术提供基础参数和试验参考。四种围压中,围压 7 MPa 下拟合度最接近 1,拟合效果最好,可以较好地预测围压 7 MPa 下不同饱和度含瓦斯水合物煤体的累计声发射振铃计数。

水合物对含瓦斯水合物煤体声发射特征影响机理是含瓦斯水合物煤体声发射研究的关键基础问题。水合物生成于煤体孔隙空间之中,其分布是影响含瓦斯水合物煤体声发射特征的重要因素。水合物在多孔介质中主要有三种分布模式,分别为胶结、悬浮、接触,其中,胶结和接触是水合物对煤体声发射特征存在影响的主要模式。水合物生成于煤颗粒表面并将原本只是相互接触的煤颗粒胶结成一个胶结体,进而提升了煤体的力学性能,改变了煤体原有的声学响应。水合物生成于煤体孔隙空间之中并与形成孔隙空间的煤颗粒相接触,当煤颗粒在外力荷载下发生滑移时,与煤颗粒接触的水合物在滑移过程中逐渐承受了部分外力荷载,进而产生了与含瓦斯煤存在差异的声学响应规律。

2. 饱和度对含瓦斯水合物煤体各阶段累计声发射振铃计数影响

由图 3.1 ~ 3.16 可知,不同应力-应变阶段含瓦斯水合物煤体声发射振铃计数呈现差异化的演变规律,而由图 3.19 可知饱和度是影响含瓦斯水合物煤体总累计声发射振铃计数的主要因素。因此,为研究饱和度对含瓦斯水合物煤体应力-应变各阶段声发射特征影响,根据图 3.1 ~ 3.16 中加载过程不同饱和度含瓦斯水合物煤体累计声发射振铃计数,结合变形破坏各阶段范围,弹性阶段、屈服阶段和破坏阶段不同饱和度含瓦斯水合物煤体累计声发射振铃计数如图 3.20 所示。由图可知,屈服阶段累计声发射振铃计数较大,破坏阶段累计声发射振铃计数较小,弹性阶段累计声发射振铃计数最小。相同围压下,弹性阶段不同饱和度含瓦斯水合物煤体累计声发射振铃计数之间差别较小,4 种饱和度下累计声发射振铃计数之间最大差值为 0.78×10^3 次。这说明煤体孔隙中水合物饱和度的增大对煤体弹性阶段压密和轻微滑移产生的声发射活动影响较小。分析认为,煤体处于弹性阶段时,仅有轻微滑移,产生少量声发射事件,而水合物以填充、包裹、胶结等状态分布于煤体孔隙之中,在弹性阶段轻微滑移作用下水合物饱和度变化对其与煤体骨架颗粒之间相互作用影响较小。

在屈服阶段,饱和度对煤体累计声发射振铃计数影响较大,含瓦斯水合物煤体累计声发射振铃计数随饱和度增大而减小,饱和度由 20% 增大至 80% 后,含瓦斯水合物煤体屈服阶段累计声发射振铃计数减少了 49%(围压 5 MPa)、64%(围压 7 MPa)、21%(围压 9 MPa)、8%(围压 11 MPa)。这说明煤体孔隙中水合物饱和度的增大会抑制煤体屈服阶段颗粒甚至裂隙面的滑移,进而造成了屈服阶段较高饱和度含瓦斯水合物煤体累计声发射振铃计数较小的现象。分析认为,当煤体进入屈服阶段,产生不可逆的塑性变形,压缩煤孔隙空间,微裂隙等开始逐渐发育,颗粒、裂隙面滑移活动变得剧烈,而水合物分布在煤体颗粒与颗粒之间,起到胶结煤体颗粒或支撑孔隙空间的作用,抑制了产生声发射活动的颗粒、裂隙面滑移,从而造成了上述现象。

在破坏阶段,饱和度对含瓦斯水合物煤体累计声发射振铃计数有一定影响,累计声发射振铃计数随饱和度增大呈减小趋势。围压 9 MPa 下,随饱和度

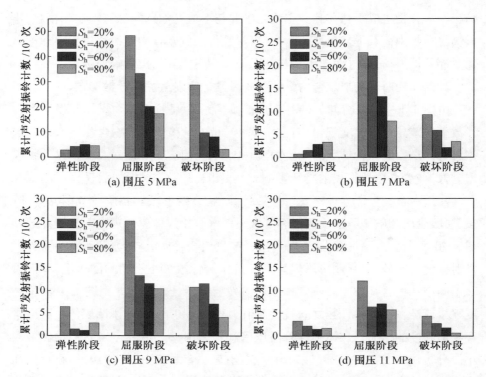

图 3.20　饱和度对不同阶段含瓦斯水合物煤体累计声发射振铃计数影响（彩图见附录）

增大，累计声发射振铃计数减小幅度最大，减小了 64.92%。这说明水合物饱和度对含瓦斯水合物煤体破坏阶段声发射活动有一定影响。分析认为，含瓦斯水合物煤体应力-应变曲线多呈应变硬化型，未出现明显应力跌落现象，即在破坏阶段，随着轴向荷载的继续增大，含瓦斯水合物煤体能承载的应力几乎不再发生变化，这可能是因为破坏阶段含瓦斯水合物煤体能够承载的应力主要来源于贯通面滑移，而在贯通面滑移过程中水合物的胶结或支撑作用仍能发挥一定作用，导致饱和度对破坏阶段含瓦斯水合物煤体累计声发射振铃计数有一定影响。

3.2.3　围压对含瓦斯水合物煤体声发射振铃计数影响

1. 围压对含瓦斯水合物煤体总累计声发射振铃计数影响

实际工程中，煤层处于三向受力环境，煤层地应力与埋深、构造运动等关系密切，因此，为研究围压（地应力）对含瓦斯水合物煤体三轴加载全过程声发射特征影响,根据图3.1～3.16中加载过程不同饱和度含瓦斯水合物煤体累计声发射振铃计数,不同围压和饱和度下含瓦斯水合物煤体累计声发射振铃计数如图3.21所示。由图可知,相同饱和度下,累计声发射振铃计数随围压增大呈近似二项式减小且减小幅度较大,围压由 5 MPa 增大至 11 MPa,累计声发射振铃计数减少了97.05%(饱和度20%)、97.60%(饱和度40%)、96.91%(饱和度60%)、96.94%(饱和度80%),不同饱和度下累计声发射振铃计数减小幅度差别较小,说明围压增大会抑制加载过程含瓦斯水合物煤体声发射活动,且不同饱和度下围压对含瓦斯水合物煤体声发射活动抑制程度差别较小。

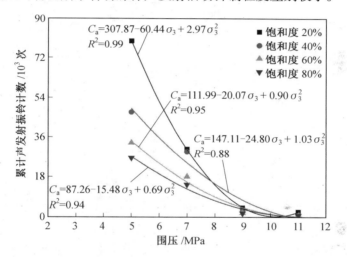

图3.21　不同围压和饱和度下含瓦斯水合物煤体累计声发射振铃计数

2. 围压对含瓦斯水合物煤体各阶段累计声发射振铃计数影响

为研究围压对含瓦斯水合物煤应力-应变各阶段声发射特征影响,根据图3.1～3.16中加载过程不同饱和度含瓦斯水合物煤体累计声发射振铃计数,结合变形破坏各阶段范围,弹性阶段、屈服阶段和破坏阶段不同围压下含瓦斯水合物煤体累计声发射振铃计数如图3.22所示。由图可知,相同饱和度下,弹性阶段、屈服阶段和破坏阶段累计声发射振铃计数均随围压增大而减小。围压11 MPa 下含瓦斯水合物煤体各阶段累计声发射振铃计数均为最小,且相比于围压5 MPa 和围压7 MPa,降低幅度较大。不同饱和度下围压对含瓦斯水合物煤体各阶段累计声发射振铃计数具有相似的影响。这说明围压对含瓦斯水合物煤体声发射活动的抑制作用体现在应力-应变的各个阶段,且这种抑制作用受饱和度影响较小。分析认为,在相同轴压下,较大的围压会限制裂隙面发生相对滑移,进而产生了较少的声发射活动和较小的声发射振铃计数。

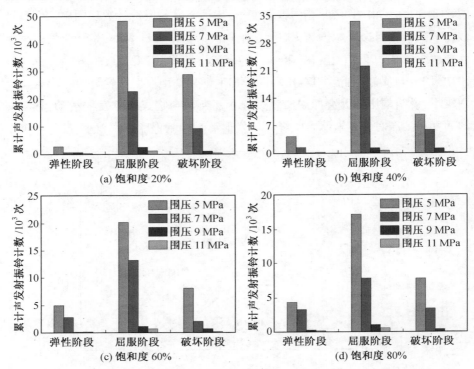

图 3.22 围压对不同阶段含瓦斯水合物煤体累计声发射振铃计数影响(彩图见附录)

饱和度 20% 和不同围压下,弹性阶段、屈服阶段和破坏阶段含瓦斯水合物煤体累计声发射振铃计数如图 3.22(a)所示。由图可知,弹性阶段累计声发射振铃计数整体水平较小,围压 5 MPa、7 MPa、9 MPa、11 MPa 下累计声发射振铃计数分别为 $2.78×10^3$ 次、$0.69×10^3$ 次、$0.64×10^3$ 次、$0.31×10^3$ 次,受围压影响显著。当围压由 5 MPa 增大至 11 MPa,弹性阶段累计声发射振铃计数缩小至原来的 12% 。屈服阶段累计声发射振铃计数水平较高,最高的累计声发射振铃计数为 $48.30×10^3$ 次,高于其他饱和度煤体的各个阶段累计声发射振铃计数。屈服阶段和破坏阶段累计声发射振铃计数受围压影响较大,围压由 5 MPa 增大至 11 MPa,屈服阶段和破坏阶段累计声发射振铃计数分别缩小至原来的 3% 和 2% 。

饱和度 40% 和不同围压下,弹性阶段、屈服阶段和破坏阶段含瓦斯水合物煤体累计声发射振铃计数如图 3.22(b)所示。由图可知,弹性阶段累计声发射振铃计数整体水平较小,围压 5 MPa、7 MPa、9 MPa、11 MPa 下累计声发射振铃计数分别为 $4.24×10^3$ 次、$1.46×10^3$ 次、$0.14×10^3$ 次、$0.22×10^3$ 次,受围压影响显著。当围压由 5 MPa 增大至 11 MPa,弹性阶段累计声发射振铃计数缩小至原来的 5%。屈服阶段累计声发射振铃计数水平较高,最高的累计声发射振铃计数为 $33.34×10^3$ 次,高于其他饱和度煤体的各个阶段累计声发射振铃计数。屈服阶段和破坏阶段累计声发射振铃计数受围压影响较大,围压由 5 MPa 增大至 11 MPa,屈服阶段和破坏阶段累计声发射振铃计数分别减小至原来的 2% 和 3%。

饱和度 60% 和不同围压下,弹性阶段、屈服阶段和破坏阶段含瓦斯水合物煤体累计声发射振铃计数如图 3.22(c)所示。由图可知,围压 9 MPa 下弹性阶段累计声发射振铃计数较小,为 $0.11×10^3$ 次。随围压增大,弹性阶段、屈服阶段、破坏阶段累计声发射振铃计数均呈减小趋势且减小幅度较大。当围压由 5 MPa 增大至 11 MPa 时,弹性阶段、屈服阶段、破坏阶段累计声发射振铃计数减小幅度分别为 97.06%、96.51%、97.79%。

饱和度 80% 和不同围压下,弹性阶段、屈服阶段和破坏阶段含瓦斯水合物煤体累计声发射振铃计数如图 3.22(d)所示。由图可知,相比于饱和度 40% 和 60%,饱和度 80% 下围压对含瓦斯水合物煤体各阶段累计声发射振铃计数具有相似的影响,即含瓦斯水合物煤体各阶段累计声发射振铃计数随围压增大而减小且减小幅度较大,当围压由 5 MPa 增大至 11 MPa 时,弹性阶段、屈服阶段、破坏阶段累计声发射振铃计数减小幅度分别为 96.17%、96.66%、99.11%。

3.2.4　瓦斯水合物生成对煤体声发射振铃计数影响规律

不同围压下瓦斯水合物对煤体声发射振铃计数表现出相似的影响规律,因此以围压 5 MPa、饱和度 40% 为例介绍瓦斯水合物对煤体声发射振铃计数影响规律。在围压 5 MPa 和饱和度 40% 下含瓦斯煤体、含瓦斯水合物煤体应力-应变曲线和声发射振铃计数如图 3.23 所示(图中竖线代表声发射振铃计数)。由图可知,弹性阶段,含瓦斯煤体与含瓦斯水合物煤体声发射振铃计数值较小,两者之间差别也较小;屈服阶段,可以看出含瓦斯煤体声发射振铃计数峰值明显大于含瓦斯水合物煤体声发射振铃计数峰值,且含瓦斯煤体屈服阶段和声发射振铃计数高值范围均较大;破坏阶段,含瓦斯煤体、含瓦斯水合物煤体均产生少量声发射信号,含瓦斯煤体声发射振铃计数高于含瓦斯水合物煤体。说明瓦斯水合物生成于煤体孔隙空间之中,能降低瓦斯压力和强化煤体力学性能,因此在相同条件下含瓦斯水合物煤体表现出了较低的声发射振铃计数,从煤体声发射角度说明了瓦斯水合物生成对煤体声学特性影响。

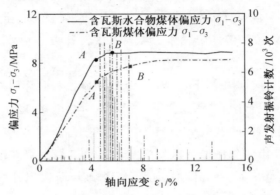

图 3.23　在围压 5 MPa 和饱和度 40% 下含瓦斯煤体、含瓦斯水合物
煤体应力–应变曲线和声发射振铃计数(彩图见附录)

3.3　本章小结

(1)含瓦斯水合物煤体应力–应变曲线主要由弹性阶段、屈服阶段和破坏阶段构成。含瓦斯水合物煤体弹性阶段产生少量声发射事件,累计声发射振铃计数增长缓慢。第一次声发射振铃计数突增一般出现在屈服点前后,屈服阶段声发射事件产生较活跃,累计声发射振铃计数增长较快。破坏阶段声发射事件较多,声发射振铃计数峰值多出现于破坏点前后,破坏阶段较长,煤体破坏后仍有少量声发射事件产生。

(2)含瓦斯水合物煤体累计声发射振铃计数随饱和度增大呈近似线性减小趋势。饱和度对含瓦斯水合物煤体弹性阶段累计声发射振铃计数影响较小,而不同饱和度含瓦斯水合物煤体屈服阶段和破坏阶段累计声发射振铃计数差别较大。

(3)围压对含瓦斯水合物煤体声发射活动具有抑制作用。随围压增大,含瓦斯水合物煤体总累计声发射振铃计数与各阶段累计声发射振铃计数均呈减小趋势。

（4）加载过程声发射能量、声发射幅值与声发射振铃计数表现出相似的变化规律，仅在具体数值范围上有一定差异。

（5）屈服阶段和破坏阶段，含瓦斯煤体声发射振铃计数高于含瓦斯水合物煤体，说明瓦斯水合物生成于煤体孔隙空间之中，能降低瓦斯压力和强化煤体力学性能，因此在相同条件下含瓦斯水合物煤体表现出了较小的声发射振铃计数，从煤体声发射角度说明了瓦斯水合物生成对煤体声学特性影响。

第 4 章 晶体类型对含瓦斯水合物煤体声发射特征影响研究

4.1 晶体类型对含瓦斯水合物煤体声发射特征影响试验概述

目前发现的水合物晶体类型有 3 种,分别为 I 型、II 型和 H 型。其中 I 型、II 型在自然界中最为常见,H 型则较为少见。客体分子是决定形成水合物晶体类型的重要因素。瓦斯是以烷烃为主的多组分混合烃类气体,其中 CH_4 占绝大多数,另有少量的 C_2H_6、C_3H_8。前人利用可见显微拉曼光谱仪获取了水合产物拉曼光谱,发现气样 G2 组分,即体积分数为 81% 的 CH_4、9% 的 C_2H_6、10% 的 N_2 条件下,瓦斯气体中存在的 C_2H_6 成分能够形成 II 型水合物,而非纯 CH_4 条件下所形成的 I 型水合物,其大、小孔穴占有率分别为 92%、84%。不同类型的水合物在水合指数、孔穴结构等方面均存在显著差别,有极大可能影响含瓦斯水合物煤体的声发射特征,因此本章研究了 4 种饱和度(20%、40%、60%、80%)、4 种围压(5 MPa、7 MPa、9 MPa、11 MPa)下晶体类型对含瓦斯水合物煤体声发射特征影响(表 4.1),为复杂组分瓦斯水合防突技术提供试验数据和理论参考。

为研究晶体类型对含瓦斯水合物煤体声发射特征影响。首先,根据之前的研究成果,利用不同气样来获取含不同晶体类型瓦斯水合物煤体。之后,对含不同晶体类型瓦斯水合物煤体进行原位加载,采集加载过程声发射参数,如声发射振铃计数、声发射能量等。最后,对数据进行处理分析,更改试验条件,进行下一组试验。同时,与相同气压、围压下含 I 型瓦斯水合物煤体声发射特征进行对比分析,分析晶体类型对含瓦斯水合物煤体声发射特征影响规律及其机理。

表4.1 晶体类型对含瓦斯水合物煤体声发射特征影响试验方案

试验编号	气样	温度/℃	气压/MPa	围压/MPa	饱和度/%
Ⅱ-5-20					20
Ⅱ-5-40					40
Ⅱ-5-60				5	60
Ⅱ-5-80					80
Ⅱ-7-20					20
Ⅱ-7-40					40
Ⅱ-7-60				7	60
Ⅱ-7-80					80
Ⅱ-9-20	G2	0.5	4		20
Ⅱ-9-40					40
Ⅱ-9-60				9	60
Ⅱ-9-80					80
Ⅱ-11-20					20
Ⅱ-11-40					40
Ⅱ-11-60				11	60
Ⅱ-11-80					80

4.2 晶体类型对含瓦斯水合物煤体声发射特征影响试验研究

4.2.1 加载过程含不同晶体类型瓦斯水合物煤体声发射特征演变规律

加载过程含不同晶体类型瓦斯水合物煤体声发射特征参数具有相似的变化规律,故以声发射振铃计数为特征参数进行介绍。围压 5 MPa 和饱和度 20%、40%、60%、80% 下含不同晶体类型瓦斯水合物煤体应力-应变曲线和声发射振铃计数如图4.1~4.4所示(图中,垂直于横轴的竖线代表声发射振铃计数)。由图可知,加载过程含Ⅱ型瓦斯水合物煤体声发射特征具有与含Ⅰ型瓦斯水合物煤体相似的演变规律,主要由3个阶段构成,分别是弹性阶段、屈服阶段和破坏阶段,其特征如下。

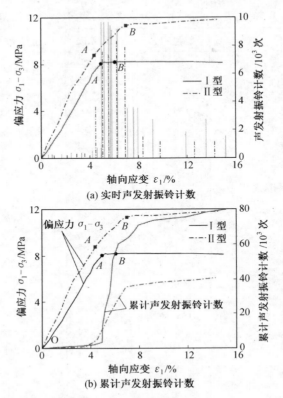

图 4.1　加载过程含不同晶体类型瓦斯水合物煤体应力-应变曲线和声发射振铃计数
（围压 5 MPa、饱和度 20%）

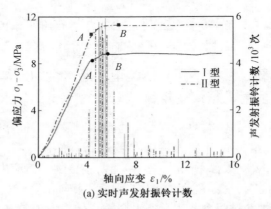

图 4.2　加载过程含不同晶体类型瓦斯水合物煤体应力-应变曲线和声发射振铃计数
（围压 5 MPa、饱和度 40%）

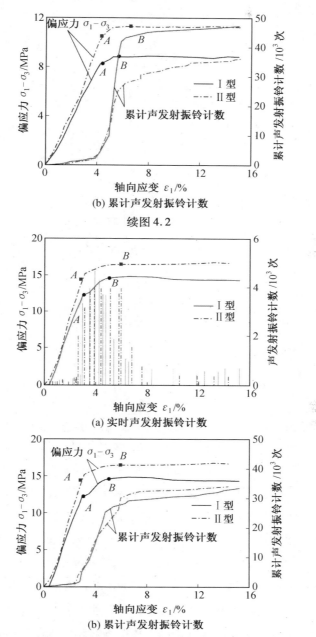

(b) 累计声发射振铃计数

续图 4.2

(a) 实时声发射振铃计数

(b) 累计声发射振铃计数

图 4.3　加载过程含不同晶体类型瓦斯水合物煤体应力-应变曲线和声发射振铃计数
（围压 5 MPa、饱和度 60%）

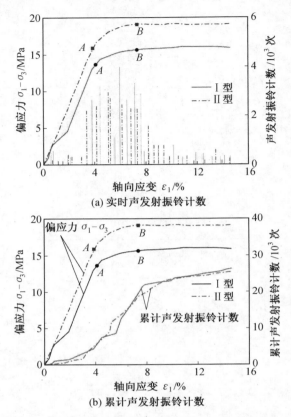

(a) 实时声发射振铃计数

(b) 累计声发射振铃计数

图 4.4　加载过程含不同晶体类型瓦斯水合物煤体应力-应变曲线和声发射振铃计数
（围压 5 MPa、饱和度 80%）

（1）弹性阶段(OA 段）：含 Ⅱ 型瓦斯水合物煤体弹性阶段声发射振铃计数较小，有少量声发射事件产生，弹性阶段累计声发射振铃计数增长缓慢，弹性阶段声发射振铃计数仅占总累计声发射振铃计数的 2.54%（饱和度 20%）、10.44%（饱和度 40%）、10.63%（饱和度 60%）、14.52%（饱和度 80%）。含瓦斯水合物煤体弹性阶段较长，其对应轴向应变范围为 0 ~ 4.37%（饱和度 20%）、0 ~ 4.69%（饱和度 40%）、0 ~ 3.13%（饱和度 60%）、0 ~ 4.17%（饱和度 80%）。含不同晶体类型瓦斯水合物煤体弹性阶段声发射振铃计数占比及对应轴向应变范围差别较小。这说明晶体类型对弹性阶段煤体颗粒之间滑移、微裂隙发育影响较小。

（2）屈服阶段（AB 段）：含Ⅱ型瓦斯水合物煤体屈服阶段声发射振铃计数较大，累计声发射振铃计数增长迅速，说明煤体内部微裂隙快速发育、颗粒滑移运动剧烈，屈服阶段声发射振铃计数占总累计声发射振铃计数的比例较高，分别为 65.99%（饱和度 20%）、66.53%（饱和度 40%）、66.31%（饱和度 60%）、58.97%（饱和度 80%），均超过了 50%。含Ⅱ型瓦斯水合物煤体屈服阶段较短，其对应轴向应变范围为 4.37% ~ 6.98%（饱和度 20%）、4.69% ~ 7.35%（饱和度 40%）、3.13% ~ 5.96%（饱和度 60%）、4.17% ~ 8.20%（饱和度 80%）。

（3）破坏阶段（B 点之后）：随着应力进一步增大，出现了振铃计数峰值，此阶段声发射事件较多，累计声发射振铃计数占总累计声发射振铃计数的 31.48%（饱和度 20%）、23.02%（饱和度 40%）、23.06%（饱和度 60%）、26.50%（饱和度 80%），说明含Ⅱ型瓦斯水合物煤体宏观裂纹不断贯通，进入了破坏阶段，煤体破坏后仍有少量声发射事件产生。含Ⅱ型瓦斯水合物煤体破坏阶段较长，其对应轴向应变范围为 6.98% ~ 14.26%（饱和度 20%）、7.35% ~ 15.14%（饱和度 40%）、5.96% ~ 14.34%（饱和度 60%）、8.20% ~ 14.55%（饱和度 80%）。

围压 7 MPa 和饱和度 20% 下含不同晶体类型瓦斯水合物煤体应力-应变曲线和声发射振铃计数如图 4.5 所示（图中，垂直于横轴的竖线代表声发射振铃计数）。由图可知，轴向应变在 0 ~ 4.45% 范围内，即弹性阶段（对于含Ⅱ型瓦斯水合物煤体来讲）含不同晶体类型瓦斯水合物煤体应力-应变曲线差别较小，声发射振铃计数也相差较小，说明晶体类型对此阶段煤体力学及声发射特征影响较小。轴向应变为 4.11% 时，出现了声发射振铃计数突增，此时声发射振铃计数为 2.58×10^3 次，之后轴向应变 4.11% ~ 6.69% 范围内，含Ⅱ型瓦斯水合物煤体声发射振铃计数一直保持较高水平，说明煤体内部出现了大量的损伤和剧烈的颗粒滑移运动，预示着煤体的破坏。当轴向应变超过 6.69% 后，仍有少量的声发射事件产生，此阶段声发射事件的声发射振铃计数要远小于屈服阶段，与弹性阶段差别较小。

围压 7 MPa 和饱和度 40% 下含不同晶体类型瓦斯水合物煤体应力-应变曲线和声发射振铃计数如图 4.6 所示（图中，垂直于横轴的竖线代表声发射振铃计数）。由图可知，相同轴向应变下，相比于含Ⅰ型瓦斯水合物煤体，含Ⅱ型瓦斯水合物煤体能够承载较高的轴向应力和具有较高的峰值强度,两种含瓦斯水合物煤体峰值强度分别为 13.55 MPa、16.70 MPa。晶体类型对含瓦斯水合物煤体累计声发射振铃计数影响较小。轴向应变在 0~4.89% 范围内两种含瓦斯水合物煤体累计声发射振铃计数差别较小,出现近似重叠现象。轴向应变范围 4.89%~6.15% 内,含 Ⅱ 型瓦斯水合物煤体具有较高的累计声发射振铃计数。随着轴向应变超过 6.15%,两种含瓦斯水合物煤体累计声发射振铃计数曲线出现了交叉点,含 Ⅰ 型瓦斯水合物煤体具有了较高的累计声发射振铃计数。弹性阶段和破坏阶段两种含瓦斯水合物煤体声发射振铃计数差别较小。屈服阶段,含 Ⅱ 型瓦斯水合物煤体声发射振铃计数峰值较小,为 3.36×10^3 次,而含 Ⅰ 型瓦斯水合物煤体声发射振铃计数峰值为 4.31×10^3 次。

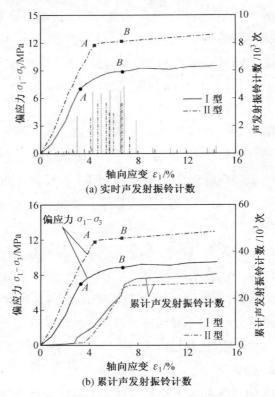

(a) 实时声发射振铃计数

(b) 累计声发射振铃计数

图 4.5　加载过程含不同晶体类型瓦斯水合物煤体应力-应变曲线和声发射振铃计数

(围压 7 MPa、饱和度 20%)

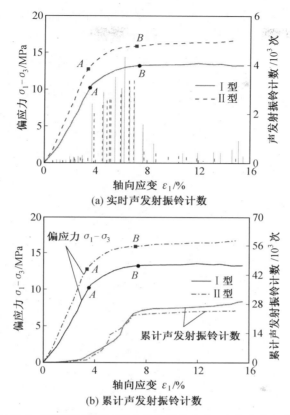

(a) 实时声发射振铃计数

(b) 累计声发射振铃计数

图 4.6　加载过程含不同晶体类型瓦斯水合物煤体应力-应变曲线和声发射振铃计数

（围压 7 MPa、饱和度 40%）

　　围压 7 MPa 和饱和度 60% 下含不同晶体类型瓦斯水合物煤体应力-应变曲线和声发射振铃计数如图 4.7 所示（图中，垂直于横轴的竖线代表声发射振铃计数）。由图可知,轴向应变在 0 ~ 2.97% 范围内,即弹性阶段两种含瓦斯水合物煤体应力-应变曲线差别较小,几乎呈重叠状态,声发射振铃计数也相差较小,说明晶体类型对此阶段煤体力学及声发射特征影响较小。轴向应变为 4.06% 时,出现了声发射振铃计数突增,此时声发射振铃计数为 1.53×10^3 次,之后轴向应变 4.06% ~ 7.51% 范围内,含 II 型瓦斯水合物煤体声发射振铃计数一直保持较高水平,分别在轴向应变 4.98%、5.99%、6.99%、7.51% 处产生了 1.75×10^3 次、1.88×10^3 次、1.89×10^3 次、1.25×10^3 次的声发射振铃计数,说明煤体内部出现了大量的损伤和剧烈的颗粒滑移运动,预示着煤体的破坏。当轴向应变超过 7.51% 后,仍有少量的声发射事件产生,此阶段声发射事件的声发射振铃计数要远小于屈服阶段,与弹性阶段差别较小。

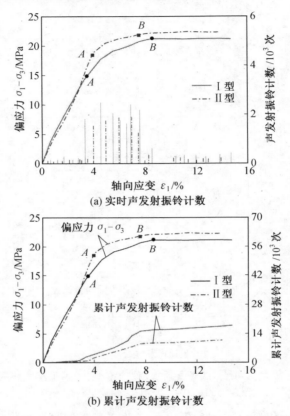

(a) 实时声发射振铃计数

(b) 累计声发射振铃计数

图 4.7　加载过程含不同晶体类型瓦斯水合物煤体应力-应变曲线和声发射振铃计数

（围压 7 MPa、饱和度 60%）

围压 7 MPa 和饱和度 80% 下含不同晶体类型瓦斯水合物煤体应力-应变曲线和声发射振铃计数如图 4.8 所示(图中,垂直于横轴的竖线代表声发射振铃计数)。由图可知,轴向应变在 0~3.10% 范围内,含Ⅱ型瓦斯水合物煤体声发射事件活跃水平较低,最大声发射振铃计数为 $0.16×10^3$ 次,累计声发射振铃计数上涨缓慢,两种含瓦斯水合物煤体应力-应变曲线差别较小,晶体类型对含瓦斯水合物煤体力学及声发射特征影响较小。当轴向应变为 3.25% 时,出现了声发射振铃计数突增,此时声发射振铃计数突增至 $1.34×10^3$ 次,两种含瓦

斯水合物煤体应力–应变曲线出现差异,相同轴向应变下含 Ⅱ 型瓦斯水合物煤
体表现出更高的承载能力,此种差异一直持续到轴向应变达到 15% 。在轴向
应变 3.25% ~7.45% 范围内,声发射振铃计数一直保持较高水平,声发射振铃
计数变化范围为 $1.34×10^3$ ~$1.77×10^3$ 次,是较为明显的煤体破坏前兆,预示着
煤体即将发生破坏。轴向应变超过 7.45% 后,煤体仅出现少量声发射事件,煤
体破坏后仍保持一定的承载能力。

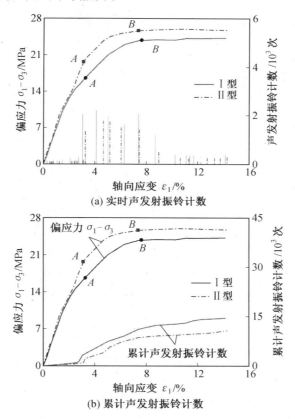

(a) 实时声发射振铃计数

(b) 累计声发射振铃计数

图 4.8　加载过程含不同晶体类型瓦斯水合物煤体应力–应变曲线和声发射振铃计数
（围压 7 MPa、饱和度 80% ）

　　围压 9 MPa 和饱和度 20% 、40% 、60% 、80% 下含不同晶体类型瓦斯水合
物煤体应力–应变曲线和声发射振铃计数如图 4.9 ~4.12 所示(图中,垂直于
横轴的竖线代表声发射振铃计数)。由图可知,围压 9 MPa 下不同饱和度含 Ⅱ

型瓦斯水合物煤体声发射振铃计数与应力-应变曲线具有较好的一致性。弹性阶段,声发射事件较少,累计声发射振铃计数增长幅度较小,之后,随着轴向应力的不断增大,应力-应变曲线逐渐平缓,煤体出现屈服现象,声发射振铃计数第一次突然增大多发生于屈服点前后,在屈服阶段,声发射振铃计数一直保持较高的活跃水平,累计声发射振铃计数增长迅速,轴向应力继续增大,应力-应变曲线近似于平行,进入破坏阶段,声发射振铃计数峰值多出现于破坏点 B 前后,说明此阶段煤体产生了贯通裂纹,发生了破坏,未发现明显应力跌落现象,破坏点后仍有少量声发射事件产生,但声发射振铃计数变化幅值较小,说明破坏点后声发射事件主要由贯通面滑移产生。

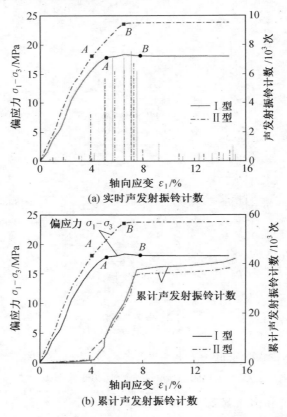

(a) 实时声发射振铃计数

(b) 累计声发射振铃计数

图 4.9　加载过程含不同晶体类型瓦斯水合物煤体应力-应变曲线和声发射振铃计数

(围压 9 MPa、饱和度 20%)

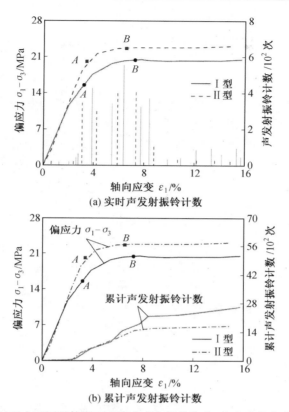

(a) 实时声发射振铃计数

(b) 累计声发射振铃计数

图 4.10　加载过程含不同晶体类型瓦斯水合物煤体应力-应变曲线和声发射振铃计数
（围压 9 MPa、饱和度 40%）

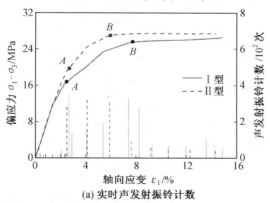

(a) 实时声发射振铃计数

图 4.11　加载过程含不同晶体类型瓦斯水合物煤体应力-应变曲线和声发射振铃计数
（围压 9 MPa、饱和度 60%）

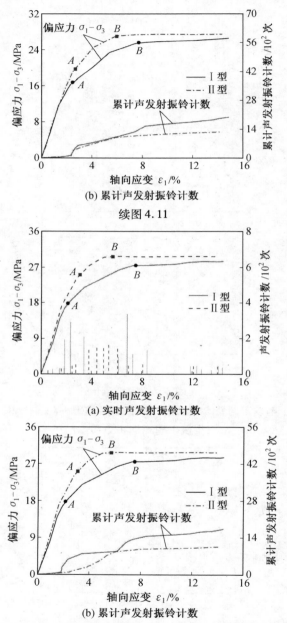

(b) 累计声发射振铃计数

续图 4.11

(a) 实时声发射振铃计数

(b) 累计声发射振铃计数

图 4.12　加载过程含不同晶体类型瓦斯水合物煤体应力-应变曲线和声发射振铃计数
（围压 9 MPa、饱和度 80%）

围压 9 MPa 和饱和度 40% 下含不同晶体类型瓦斯水合物煤体应力-应变曲线和声发射振铃计数如图 4.10 所示。由图可知,轴向应变小于 2.41% 时,两种含瓦斯水合物煤体声发射振铃计数差别较小,应力-应变曲线呈重叠状态,晶体类型对煤体力学及声发射特征几乎没有影响。轴向应变为 3.07% 时,含 II 型瓦斯水合物煤体声发射振铃计数突然增大至 $3.44×10^3$ 次,两种含瓦斯水合物煤体应力-应变曲线也呈现一定差异化,在相同轴向应变下含 II 型瓦斯水合物煤体能承载更高的轴向应力,含 I 型瓦斯水合物煤体声发射振铃计数突增发生在轴向应变 3.87% 处,晚于含 II 型瓦斯水合物煤体。随着轴向应力的逐渐增大,轴向应变在 3.07% ~7.35% 范围内出现了较高水平的声发射振铃计数,此阶段出现的最小声发射振铃计数为 $2.97×10^3$ 次,高于弹性阶段和破坏阶段的声发射振铃计数。轴向应变超过 7.35% 后,晶体类型对声发射振铃计数影响变小,两种含瓦斯水合物煤体之间声发射振铃计数差别较小。

围压 9 MPa 和饱和度 60% 下含不同晶体类型瓦斯水合物煤体应力-应变曲线和声发射振铃计数如图 4.11 所示。由图可知,围压 9 MPa 和饱和度 60% 下含 II 型瓦斯水合物煤体应力-应变曲线和声发射振铃计数与围压 7 MPa 和饱和度 60% 下具有相似的变化规律。轴向应变在 0 ~2.37% 范围内,两种含瓦斯水合物煤体声发射振铃计数差别较小,应力-应变曲线呈重叠状态,晶体类型对煤体力学及声发射特征几乎没有影响,声发射振铃计数变化范围为 0 ~ $0.21×10^3$。轴向应变为 2.51% 时,含 II 型瓦斯水合物煤体声发射振铃计数突增至 $2.80×10^3$ 次,此时两种含瓦斯水合物煤体应力-应变曲线也呈现一定差异化,在相同轴向应变下含 II 型瓦斯水合物煤体能承载更高的轴向应力,含 I 型瓦斯水合物煤体声发射振振铃计数突增发生在轴向应变 2.67% 处,稍晚于含 II 型瓦斯水合物煤体。随着轴向应力的逐渐增大,在轴向应变 2.51% ~5.91% 范围内出现了较高水平的声发射振铃计数,此阶段出现的最小声发射振铃计数为 $2.80×10^3$ 次,高于弹性阶段和破坏阶段的声发射振铃计数。轴向应变超过 5.91% 后,晶体类型对声发射振铃计数影响变小,两种含瓦斯水合物煤体之间声发射振铃计数差别较小。相比于饱和度 40% 含 II 型瓦斯水合物煤体,饱和度 60% 含 II 型瓦斯水合物煤体具有较短的屈服阶段和声发射振铃计数快速发展阶段。

图 4.12 给出了围压 9 MPa 和饱和度 80% 下含不同晶体类型瓦斯水合物煤体应力-应变曲线和声发射振铃计数。由图可知,含 I 型瓦斯水合物煤体声发射振铃计数突增出现较早,在轴向应变为 1.89% 时就出现了,而含 II 型瓦斯水合物煤体声发射振铃计数突增则出现在轴向应变为 2.78% 时。相比于饱和度 40% 和 60% 煤体,饱和度 80% 煤体声发射振铃计数和累计声发射振铃计数明显较小。晶体类型对声发射振铃计数影响主要体现在屈服阶段,弹性阶段和破坏阶段两种含瓦斯水合物煤体声发射振铃计数差别较小。轴向应变在较小范围内,两种含瓦斯水合物煤体应力-应变曲线重叠现象明显。

　　围压 11 MPa 和饱和度 20%、40%、60%、80% 下含不同晶体类型瓦斯水合物煤体应力-应变曲线和声发射振铃计数如图 4.13～4.16 所示(图中,垂直于横轴的竖线代表声发射振铃计数)。由图可知,围压11 MPa下不同饱和度含 Ⅱ 型瓦斯水合物煤体声发射振铃计数与应力-应变曲线具有较好的一致性。弹性阶段,声发射事件较少,累计声发射振铃计数增长幅度较小,之后,随着轴向应力的不断增大,应力-应变曲线逐渐平缓,煤体出现屈服现象,声发射振铃计数第一次突增多发生于屈服点前后,在屈服阶段,声发射振铃计数一直保持较高的活跃水平,累计声发射振铃计数增长迅速,轴向应力继续增大,应力-应变曲线近似于平行,进入破坏阶段,声发射振铃计数峰值多出现于破坏点 B 前后,说明此阶段煤体产生了贯通裂纹,发生了破坏,未发现明显应力跌落现象,破坏点后仍有少量声发射事件产生,但声发射振铃计数变化幅值较小,说明破坏点后声发射事件主要由贯通面滑移产生。

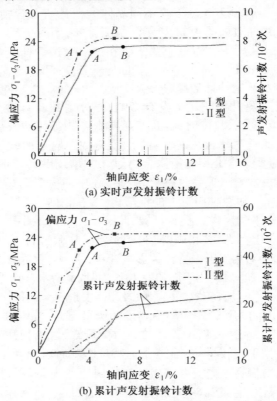

(a) 实时声发射振铃计数

(b) 累计声发射振铃计数

图 4.13　加载过程含不同晶体类型瓦斯水合物煤体应力-应变曲线和声发射振铃计数
（围压 11 MPa、饱和度 20%）

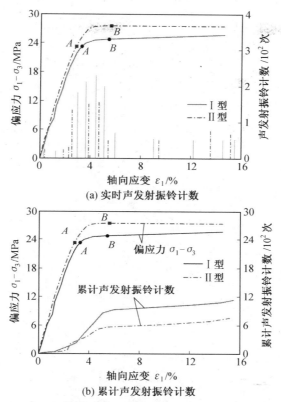

(a) 实时声发射振铃计数

(b) 累计声发射振铃计数

图 4.14　加载过程含不同晶体类型瓦斯水合物煤体应力-应变曲线和声发射振铃计数
（围压 11 MPa、饱和度 40%）

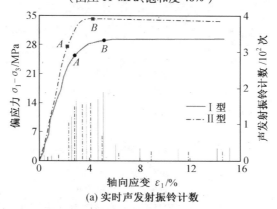

(a) 实时声发射振铃计数

图 4.15　加载过程含不同晶体类型瓦斯水合物煤体应力-应变曲线和声发射振铃计数
（围压 11 MPa、饱和度 60%）

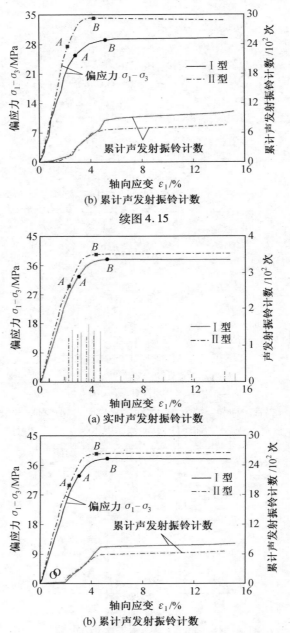

(b) 累计声发射振铃计数

续图 4.15

(a) 实时声发射振铃计数

(b) 累计声发射振铃计数

图 4.16　加载过程含不同晶体类型瓦斯水合物煤体应力-应变曲线和声发射振铃计数
（围压 11 MPa、饱和度 80%）

4.2.2　晶体类型对含瓦斯水合物煤体声发射振铃计数影响

1. 晶体类型对含瓦斯水合物煤体总累计声发射振铃计数影响

为了分析晶体类型对含瓦斯水合物煤体总累计声发射振铃计数影响,根据图 3.1 ~ 3.16 和图 4.1 ~ 4.16 中加载过程不同饱和度及围压下含瓦斯水合物煤体累计声发射振铃计数,得到不同饱和度及围压下含不同晶体类型瓦斯水合物煤体累计声发射振铃计数,如图 4.17 所示。由图可知,相同饱和度及围压下,含 Ⅱ 型瓦斯水合物煤体总体上具有较低的累计声发射振铃计数。围压 7 MPa 和 4 种饱和度下,相比于含 Ⅰ 型瓦斯水合物煤体,含 Ⅱ 型瓦斯水合物煤体均具有较低的累计声发射振铃计数。其中,饱和度 60% 下,晶体类型对含瓦斯水合物煤体声发射振铃计数影响最大,含 Ⅱ 型瓦斯水合物煤体累计声发射振铃计数是含 Ⅰ 型瓦斯水合物煤体的 60.49%。围压 9 MPa 下,晶体类型对含瓦斯水合物煤体声发射振铃计数具有相似的影响规律。这说明相比于 Ⅰ 型水合物,Ⅱ 型水合物具有更强的胶结能力,可以抑制煤体颗粒的滑移、微裂隙的发育,进而降低加载过程声发射事件活跃水平。分析认为,Ⅰ 型和 Ⅱ 型是常见的水合物类型,主要差别在于(图 4.18):Ⅰ 型水合物晶胞为体心立方结构,包含 46 个水分子,由 2 个小孔穴和 6 个大孔穴组成,而 Ⅱ 型水合物晶胞为面心立方结构,包含 136 个水分子,由 8 个大孔穴和 16 个小孔穴组成,两种水合物表现出的差异化声学响应可能是晶体结构、大小孔穴比等不同导致的,之后仍需借助拉曼光谱等微观探测手段进一步分析证明。

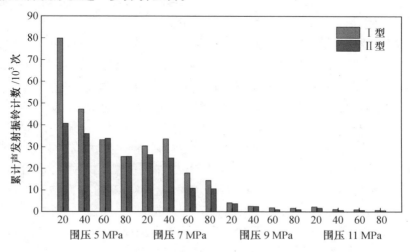

图 4.17　不同饱和度及围压下含不同晶体类型瓦斯水合物煤体累计声发射振铃计数

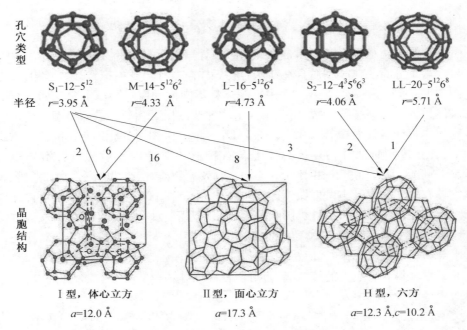

图 4.18　水合物孔穴类型及晶胞结构

　　此外,围压 5 MPa 和饱和度 60%、80% 下,出现了含 Ⅱ 型瓦斯水合物煤体累计声发射振铃计数高于含 Ⅰ 型瓦斯水合物煤体累计声发射振铃计数的现象。分析认为,水合物在煤体孔隙中的分布模式主要有胶结和填充两种。按水合物与颗粒接触状态划分,填充还可以进一步分为支撑和悬浮,在围压 5 MPa 和饱和度 60%、80% 下含 Ⅱ 型瓦斯水合物可能更多以悬浮模式分布于煤体孔隙之中,导致部分Ⅱ型瓦斯水合物未能参与煤颗粒滑移、微裂隙扩展等,所以出现了含Ⅱ型瓦斯水合物煤体累计声发射振铃计数高于含Ⅰ型瓦斯水合物煤体的现象。

2. 晶体类型对含瓦斯水合物煤体各阶段累计声发射振铃计数影响

　　为了更好地分析晶体类型对含瓦斯水合物煤体声发射特征影响,根据加载过程声发射变化特征阶段,分析晶体类型对含瓦斯水合物煤体声发射特征影响规律。根据图 3.1 ~ 3.16 和图 4.1 ~ 4.16 中加载过程不同围压及不同饱和度下含瓦斯水合物煤体累计声发射振铃计数,结合变形破坏各阶段范围,得到含不同晶体类型瓦斯水合物煤体各阶段累计声发射振铃计数,如图 4.19 所示。弹性阶段,晶体类型对声发射振铃计数影响较小且规律性不明显。围压 5 MPa 下,两种含瓦斯水合物煤体弹性阶段累计声发射振铃计数几乎相等。围压 7 MPa 下,饱和度为 40% 时,两种含瓦斯水合物煤体累计声发射振铃计数差别

较小,而饱和度为 60% 和 80% 时,含Ⅰ型瓦斯水合物煤体累计声发射振铃计数
要大于含Ⅱ型瓦斯水合物煤体。围压 9 MPa 下,饱和度为 40% 和 60% 时,含Ⅱ
型瓦斯水合物煤体弹性阶段累计声发射振铃计数要高于含Ⅰ型瓦斯水合物煤
体;饱和度为 80% 时,含Ⅰ型瓦斯水合物煤体累计声发射振铃计数要大于含Ⅱ
型瓦斯水合物煤体。

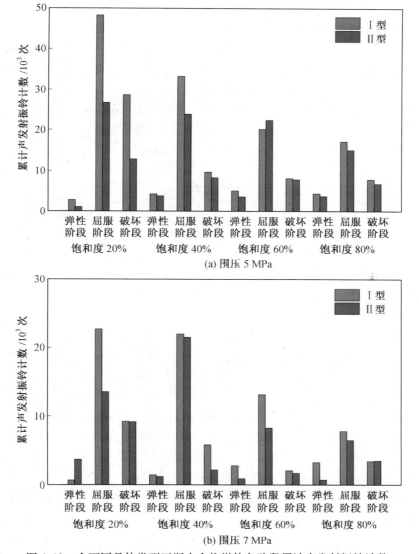

图 4.19　含不同晶体类型瓦斯水合物煤体各阶段累计声发射振铃计数

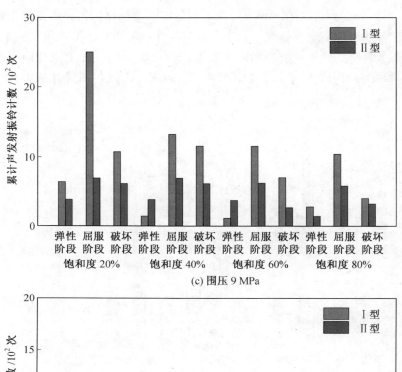

(c) 围压 9 MPa

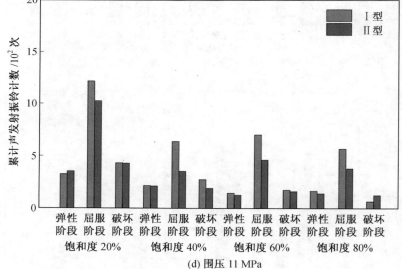

(d) 围压 11 MPa

续图 4.19

　　屈服阶段,含Ⅱ型瓦斯水合物煤体总体上具有较小的累计声发射振铃计数,围压 9 MPa 和饱和度 20% 下晶体类型影响最大,含Ⅱ型瓦斯水合物煤体屈服阶段累计声发射振铃计数为含Ⅰ型瓦斯水合物煤体的 52% ,其他围压和饱和度下,含Ⅱ型瓦斯水合物煤体累计声发射振铃计数一般为含Ⅰ型瓦斯水合物煤体的 53% ~ 111% 。这说明相比于Ⅰ型水合物,Ⅱ型水合物具有较强的限制煤体颗粒滑移等能力。需要说明的是,围压 5 MPa 和饱和度 60% 下,含Ⅱ型瓦斯水合物煤体屈服阶段累计声发射振铃计数高于含Ⅰ型瓦斯水合物煤体,是其 1.11 倍,可能是Ⅱ型水合物在煤体孔隙中的悬浮分布模式导致的。

破坏阶段,含Ⅱ型瓦斯水合物煤体具有较小的累计声发射振铃计数,含Ⅱ型瓦斯水合物煤体破坏阶段累计声发射振铃计数一般为含Ⅰ型瓦斯水合物煤体的 37% ~ 102% 。这说明在煤体已经发生破坏后,相比于Ⅰ型水合物,Ⅱ型水合物仍然具有较强的限制贯通面滑移能力,导致了声发射活动的较低水平。

4.2.3　饱和度对含Ⅱ型瓦斯水合物煤体声发射振铃计数影响

1. 饱和度对含Ⅱ型瓦斯水合物煤体总累计声发射振铃计数影响

为了分析饱和度对含Ⅱ型瓦斯水合物煤体声发射振铃计数影响,根据图 3.1 ~ 3.16 和图 4.1 ~ 4.16 中加载过程不同饱和度和不同围压下含瓦斯水合物煤体总累计声发射振铃计数,得到不同饱和度和不同围压下含Ⅱ型瓦斯水合物煤体总累计声发射振铃计数,如图 4.20 所示。

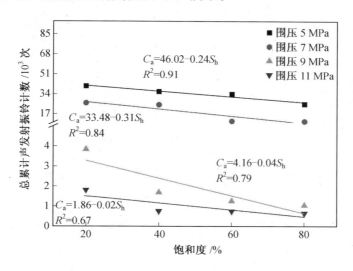

图 4.20　不同饱和度和不同围压下含Ⅱ型瓦斯水合物煤体总累计声发射振铃计数

由图可知,相同围压下,总累计声发射振铃计数随饱和度增大而近似线性减小,随饱和度由 20% 增大至 80% ,总累计声发射振铃计数降低了 37.33% (围压 5 MPa)、59.47% (围压 7 MPa)、72.61% (围压 9 MPa)、63.83% (围压

11 MPa)。这说明与Ⅰ型水合物相类似,Ⅱ型水合物饱和度增大会抑制煤体的颗粒、裂隙面滑移,进而降低声发射事件活跃水平。

2. 饱和度对含Ⅱ型瓦斯水合物煤体各阶段累计声发射振铃计数影响

为进一步具体分析饱和度对含Ⅱ型瓦斯水合物煤体声发射振铃计数影响,根据图 3.1~3.16 和图 4.1~4.16 中加载过程不同饱和度和不同围压下含瓦斯水合物煤体累计声发射振铃计数,结合变形破坏各阶段范围,弹性阶段、屈服阶段和破坏阶段不同饱和度和不同围压下含Ⅱ型瓦斯水合物煤体累计声发射振铃计数如图 4.21 所示。由图可知,屈服阶段累计声发射振铃计数较大,破坏阶段累计声发射振铃计数较小,弹性阶段累计声发射振铃计数最小。相同围压下,弹性阶段不同饱和度含瓦斯水合物煤体累计声发射振铃计数之间差别较小。

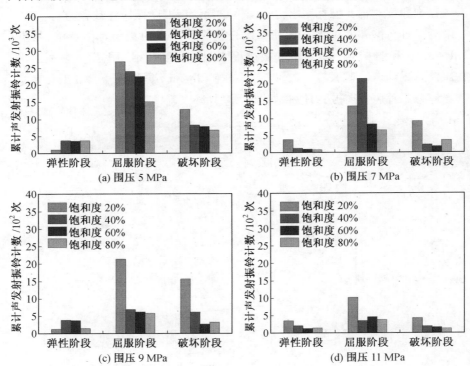

图 4.21　不同饱和度和不同围压下不同阶段含Ⅱ型瓦斯水合物煤体累计声发射振铃计数(彩图见附录)

在屈服阶段,饱和度对煤体累计声发射振铃计数影响较大,含瓦斯水合物煤体累计声发射振铃计数随饱和度增大而减小,饱和度由 20% 增大至 80% 后,

含 Ⅱ 型瓦斯水合物煤体屈服阶段累计声发射振铃计数减少了 56.01（围压 5 MPa）、52.02%（围压 7 MPa）、72.70%（围压 9 MPa）、62.58%（围压 11 MPa），随围压增大，饱和度对累计声发射振铃计数影响变小，说明围压增大会削弱水合物饱和度对煤体颗粒滑移、微裂隙发育影响。在破坏阶段，饱和度对含 Ⅱ 型瓦斯水合物煤体累计声发射振铃计数有一定影响，累计声发射振铃计数随饱和度增大呈减小趋势，围压 5 MPa 下，随饱和度增大，累计声发射振铃计数降低幅度最大，降低为原来的 43.99%。

　　围压 5 MPa 和不同饱和度下含 Ⅱ 型瓦斯水合物煤体各阶段累计声发射振铃计数如图 4.21（a）所示。由图可知，弹性阶段不同饱和度下含 Ⅱ 型瓦斯水合物煤体累计声发射振铃计数相差较小，分别为 $1.03×10^3$ 次（饱和度 20%）、$3.77×10^3$ 次（饱和度 40%）、$3.60×10^3$ 次（饱和度 60%）、$3.71×10^3$ 次（饱和度 80%），说明饱和度对含 Ⅱ 型瓦斯水合物煤体弹性阶段累计声发射振铃计数影响较小，而屈服阶段不同饱和度下含 Ⅱ 型瓦斯水合物煤体累计声发射振铃计数分别为 $26.87×10^3$ 次（饱和度 20%）、$24.04×10^3$ 次（饱和度 40%）、$22.51×10^3$ 次（饱和度 60%）、$15.05×10^3$ 次（饱和度 80%），屈服阶段当饱和度由 20% 增大至 80%，含 Ⅱ 型瓦斯水合物煤体累计声发射振铃计数降低了 43.99%。破坏阶段不同饱和度下含 Ⅱ 型瓦斯水合物煤体累计声发射振铃计数分别为 $12.82×10^3$ 次（饱和度 20%）、$8.32×10^3$ 次（饱和度 40%）、$7.83×10^3$ 次（饱和度 60%）、$6.76×10^3$ 次（饱和度 80%），破坏阶段含 Ⅱ 型瓦斯水合物煤体累计声发射振铃计数随饱和度增大呈明显下降趋势。

　　围压 7 MPa 和不同饱和度下含 Ⅱ 型瓦斯水合物煤体累计声发射振铃计数如图 4.21（b）所示。由图可知，弹性阶段不同饱和度下含 Ⅱ 型瓦斯水合物煤体累计声发射振铃计数随饱和度增大呈减小趋势，分别为 $3.70×10^3$ 次（饱和度 20%）、$1.19×10^3$ 次（饱和度 40%）、$0.90×10^3$ 次（饱和度 60%）、$0.73×10^3$ 次（饱和度 80%），弹性阶段累计声发射振铃计数整体水平较低。而屈服阶段不同饱和度下含 Ⅱ 型瓦斯水合物煤体累计声发射振铃计数分别为 $13.52×10^3$ 次（饱和度 40%）、$21.50×10^3$ 次（饱和度 40%）、$8.30×10^3$ 次（饱和度 60%）、$6.49×10^3$ 次（饱和度 80%），屈服阶段当饱和度由 20% 增大至 80%，含 Ⅱ 型瓦斯水合物煤体累计声发射振铃计数降低幅度较大，降低了 52.02%。破坏阶段不同饱和度下含 Ⅱ 型瓦斯水合物煤体累计声发射振铃计数分别为 $9.17×10^3$ 次（饱和度 20%）、$2.18×10^3$ 次（饱和度 40%）、$1.69×10^3$ 次（饱和度 60%）、

$3.48×10^3$ 次(饱和度 80%),破坏阶段含 Ⅱ 型瓦斯水合物煤体累计声发射振铃计数随饱和度增大呈先减小后增大趋势,饱和度 80% 下含 Ⅱ 型瓦斯水合物煤体累计声发射振铃计数高于饱和度 40% 和 60% 下,分析认为,在较高围压下,水合物饱和度较高且围压限制作用较强,围压会限制水合物饱和度变化对煤体力学及声学特征影响,也会对煤孔隙产生压密作用,而水合物生成、胶结或填充于煤体孔隙之中,易受高围压影响,进而出现一定异常变化现象。

　　围压 9 MPa 和不同饱和度下含 Ⅱ 型瓦斯水合物煤体累计声发射振铃计数如图 4.21(c)所示。由图可知,弹性阶段不同饱和度下含 Ⅱ 型瓦斯水合物煤体累计声发射振铃计数随饱和度增大呈减小趋势,分别为 $1.29×10^2$ 次(饱和度 20%)、$3.85×10^2$ 次(饱和度 40%)、$3.75×10^2$ 次(饱和度 60%)、$1.43×10^2$ 次(饱和度 80%),且饱和度由 60% 增至 80% 时累计声发射振铃计数减小幅度较大。屈服阶段不同饱和度下含 Ⅱ 型瓦斯水合物煤体累计声发射振铃计数分别为 $21.37×10^2$ 次(饱和度 20%)、$6.94×10^2$ 次(饱和度 40%)、$6.22×10^2$ 次(饱和度 60%)、$5.83×10^2$ 次(饱和度 80%)次,明显小于围压 5 MPa 和 7 MPa 下相同饱和度下含 Ⅱ 型瓦斯水合物煤体的累计声发射振铃计数。破坏阶段不同饱和度下含 Ⅱ 型瓦斯水合物煤体累计声发射振铃计数分别为 $15.70×10^2$ 次(饱和度 20%)、$6.16×10^2$ 次(饱和度 40%)、$2.68×10^2$ 次(饱和度 60%)、$3.25×10^2$ 次(饱和度 80%),破坏阶段含 Ⅱ 型瓦斯水合物煤体累计声发射振铃计数随饱和度增大呈总体减小趋势。分析认为,围压 7 MPa 和围压 9 MPa 下均出现了饱和度 80% 下累计声发射振铃计数高于饱和度 60% 下,可能是高围压对煤体压密作用及对水合物胶结作用的限制导致的结果。

　　围压 11 MPa 和不同饱和度下含 Ⅱ 型瓦斯水合物煤体累计声发射振铃计数如图 4.21(d)所示。由图可知,弹性阶段不同饱和度下含 Ⅱ 型瓦斯水合物煤体累计声发射振铃计数随饱和度增大呈减小趋势,弹性阶段累计声发射振铃计数整体水平较低。屈服阶段当饱和度由 20% 增大至 80%,含 Ⅱ 型瓦斯水合物煤体累计声发射振铃计数降低幅度较大,降低了 62.58%。破坏阶段不同饱和度下含 Ⅱ 型瓦斯水合物煤体累计声发射振铃计数分别为 $4.33×10^2$ 次(饱和度 20%)、$2.18×10^2$ 次(饱和度 40%)、$1.69×10^2$ 次(饱和度 60%)、$1.48×10^2$ 次(饱和度 80%)。

4.2.4　围压对含 II 型瓦斯水合物煤体声发射振铃计数影响

1. 围压对含 II 型瓦斯水合物煤体总累计声发射振铃计数影响

为研究围压对含 II 型瓦斯水合物煤体声发射特征影响,根据图 3.1 ~ 3.16 和图 4.1 ~ 4.16 中加载过程不同饱和度及不同围压下含 II 型瓦斯水合物煤体累计声发射振铃计数,得到不同围压和不同饱和度下含 II 型瓦斯水合物煤体总累计声发射振铃计数,如图 4.22 所示。由图可知,相同饱和度下,累计声发射振铃计数随围压增大而近似线性降低且降低幅度较大,围压由 5 MPa 增大至 11 MPa,累计声发射振铃计数减少了 95.56%（饱和度 20%）、97.91%（饱和度 40%）、97.79%（饱和度 60%）、97.44%（饱和度 80%）,不同饱和度下累计声发射振铃计数降低幅度差别较小,说明围压增大会抑制加载过程含瓦斯水合物煤体声发射活动,且煤体中水合物饱和度变化对围压抑制作用影响较小。

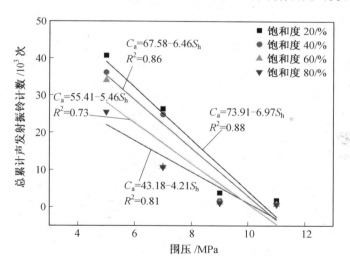

图 4.22　不同围压和不同饱和度下含 II 型瓦斯水合物煤体总累计声发射振铃计数

2. 围压对含 II 型瓦斯水合物煤体各阶段累计声发射振铃计数影响

为研究饱和度对含 II 型瓦斯水合物煤应力-应变各阶段声发射特征影响,根据图 3.1 ~ 3.16 和图 4.1 ~ 4.16 中加载过程不同饱和度及不同围压下含 II 型瓦斯水合物煤体累计声发射振铃计数,结合变形破坏各阶段范围,弹性阶段、屈服阶段和破坏阶段不同围压和不同饱和度下含 II 型瓦斯水合物煤体累计声发射振铃计数如图 4.23 所示。由图可知,相同饱和度下,弹性阶段、屈服阶段和破坏阶段累计声发射振铃计数均随围压增大而减少。围压 11 MPa 下含 Ⅱ 型瓦斯水合物煤体各阶段累计声发射振铃计数均为最小,且相比于围压 5 MPa 和围压 7 MPa 下,降低幅度较大。不同饱和度下围压对含 Ⅱ 型瓦斯水合物煤体各阶段累计声发射振铃计数具有相似的影响。这说明围压对含 Ⅱ 型瓦斯水合物煤体声发射活动的抑制作用体现在应力–应变的各个阶段,且这种抑制作用受饱和度影响较小。

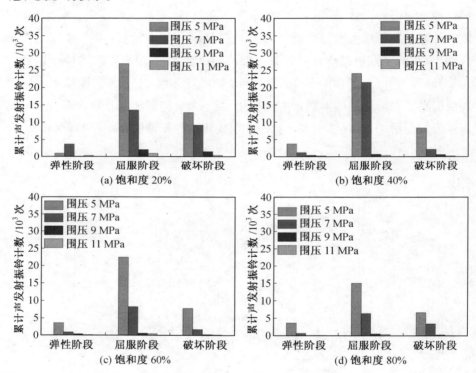

图 4.23　不同围压和不同饱和度下不同阶段含 Ⅱ 型瓦斯水合物煤体累计声发射振铃计数(彩图见附录)

4.3　本 章 小 结

(1)含 Ⅱ 型瓦斯水合物煤体加载过程声发射特征具有与含 Ⅰ 型瓦斯水合物煤体相似的演变规律,主要由弹性阶段、屈服阶段和破坏阶段构成。弹性阶段累计声发射振铃计数仅占总累计声发射振铃计数的 2.54%(饱和度 20%)、

10.44%（饱和度 40%）、10.63%（饱和度 60%）、14.52%（饱和度 80%）。含Ⅱ型瓦斯水合物煤体弹性阶段较长，对应轴向应变范围为 3.13% ~ 4.69%。含Ⅱ型瓦斯水合物煤体屈服阶段声发射振铃计数较大，累计声发射振铃计数增长迅速，占总累计声发射振铃计数的比例较高。含Ⅱ型瓦斯水合物煤体屈服阶段较短，对应轴向应变范围为 2.66% ~ 4.03%。含Ⅱ型瓦斯水合物煤体破坏阶段声发射事件较多，煤体破坏后仍有少量声发射事件产生。含Ⅱ型瓦斯水合物煤体破坏阶段较长，对应轴向应变范围为 6.35% ~ 8.38%。

（2）相同围压和饱和度下，含Ⅱ型瓦斯水合物煤体总体上具有较低的累计声发射振铃计数。围压 7 MPa 和饱和度 60% 下，晶体类型对含瓦斯水合物煤体总累计声发射振铃计数影响最大，含Ⅱ型瓦斯水合物煤体总累计声发射振铃计数是含Ⅰ型瓦斯水合物煤体的 60.49%。

（3）弹性阶段，晶体类型对累计声发射振铃计数影响较小且规律性不明显。屈服阶段，含Ⅱ型瓦斯水合物煤体总体上具有较小的累计声发射振铃计数，围压 9 MPa 和饱和度 40% 下晶体类型影响最大，含Ⅱ型瓦斯水合物煤体累计声发射振铃计数一般为含Ⅰ型瓦斯水合物煤体的 52% ~ 111%。破坏阶段，含Ⅱ型瓦斯水合物煤体具有较小的累计声发射振铃计数，含Ⅱ型瓦斯水合物煤体破坏阶段累计声发射振铃计数一般为含Ⅰ型瓦斯水合物煤体的 37% ~ 102%。

（4）相同围压下，累计声发射振铃计数随饱和度增大而近似线性减少。相同饱和度下，累计声发射振铃计数随围压增大而近似线性降低且降低幅度较大，弹性阶段、屈服阶段和破坏阶段累计声发射振铃计数均随围压增大而减小。

第5章 含瓦斯水合物煤体损伤 演化规律研究

5.1 煤岩体损伤研究

煤岩体在承受荷载、发生变形的过程中,由于内部大量损伤产生、发展,导致了其力学性能的劣化,进而提高了煤与瓦斯突出、冲击地压等煤矿动力灾害发生的可能性与强度。煤岩体劣化过程伴随着弹性应变能的释放,即声发射现象,由此可知,声发射现象与煤岩体内部损伤必然存在一定的联系,可以通过声发射现象来表示煤岩体内部微损伤程度。煤岩体损伤的描述及演化规律主要由损伤变量来表示。损伤变量的选取是煤岩体损伤力学研究的关键问题,损伤变量一般通过声发射振铃计数、声发射能量、CT 灰度等参数来表征。大量研究成果表明,声发射振铃计数是能够较好地反映材料性能变化的特征参量之一,因为它与材料中位错的运动、断裂及裂纹扩展所释放的应变能成比例。损伤变量等基本概念及其推导过程介绍如下。

苏联学者 L. M. Kachanov 将损伤变量定义为

$$D = \frac{A_d}{A} \tag{5.1}$$

式中　A_d——煤样发生压密,新裂纹产生、扩展、汇聚、贯通,宏观破坏等损伤的断面积;

　　　A——初始无损伤时的断面积。

设无损材料整个截面 A 完全破坏的累计声发射振铃计数为 C_o,则单位面积微元破坏时的声发射振铃计数 C_w 为

$$C_w = \frac{C_o}{A} \tag{5.2}$$

当断面损伤面积达 A_d 时,累计声发射振铃计数 C_d 为

$$C_d = C_w A_d = \frac{C_o}{A} A_d \tag{5.3}$$

所以有

$$D = \frac{C_d}{C_o} \tag{5.4}$$

式中，D 为损伤变量。

5.2　含瓦斯水合物煤体损伤演化过程分析

一些学者基于声发射特征参数计算了损伤变量，研究了加载过程煤岩体损伤演变规律。Li 等分析了煤层顶板在单轴压缩作用下的声发射特征，从损伤力学的角度分析了岩石样品的损伤特征，建立了单轴压缩试样的损伤本构模型，分析了损伤变量与轴向应变的关系。Jing 等以古仔洞煤矿深埋巷道中典型的砂质泥岩为研究对象，研究了砂质泥岩微观蠕变损伤演化和破坏机理，声发射事件的三维源位置显示蠕变载荷导致了砂质泥岩中更严重、更均匀且更分散的微损伤，并且破坏模式更宽松。Qiu 等开展了煤石混凝土冻融循环试验，建立了冻融损伤本构关系。Zhao 等研究了钽铌矿尾矿胶结回填物的声发射分形特征，发现在声发射分形的研究中，振幅的分形维数更加集中。Niu 等建立了张力作用下微裂纹岩石损伤本构模型。

但是，损伤力学领域学者研究对象多为煤体、岩体或煤岩组合体，尚无研究以含瓦斯水合物煤体为对象，本书针对含瓦斯水合物煤体，基于含瓦斯水合物煤体加载过程累计声发射振铃计数计算损伤变量，将煤岩体损伤理论应用于含瓦斯水合物煤体，探究加载过程含瓦斯水合物煤体损伤演化规律，分析饱和度、晶体类型和围压对含瓦斯水合物煤体损伤变量演化规律影响。

5.2.1　加载过程含瓦斯水合物煤体损伤演化过程分析

将加载过程含瓦斯水合物煤体应力-应变和累计声发射振铃计数等参数代入 5.1 节中介绍的煤岩体损伤变量计算公式（式（5.4）），可以计算得到加载过程含瓦斯水合物煤体损伤变量变化情况，如图 5.1～5.4 所示。

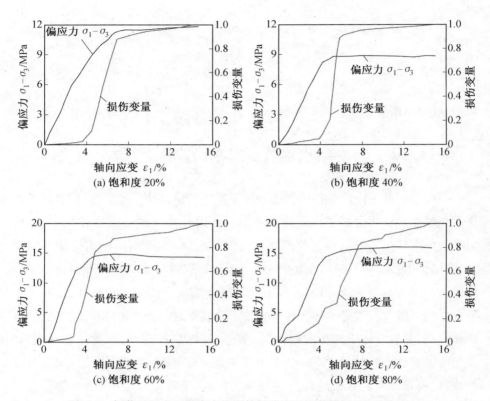

图 5.1　加载过程含瓦斯水合物煤体损伤变量变化情况(围压 5 MPa)

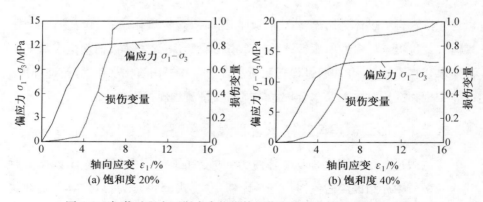

图 5.2　加载过程含瓦斯水合物煤体损伤变量变化情况(围压 7 MPa)

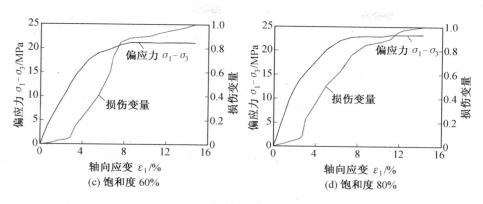

续图 5.2

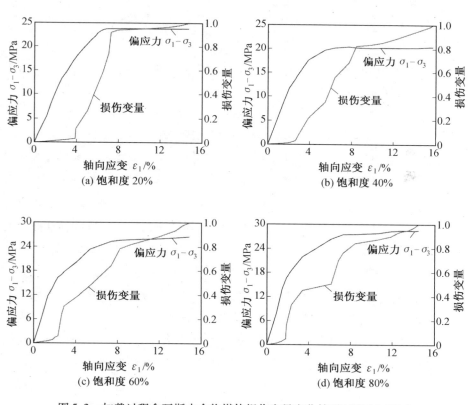

图 5.3　加载过程含瓦斯水合物煤体损伤变量变化情况(围压 9 MPa)

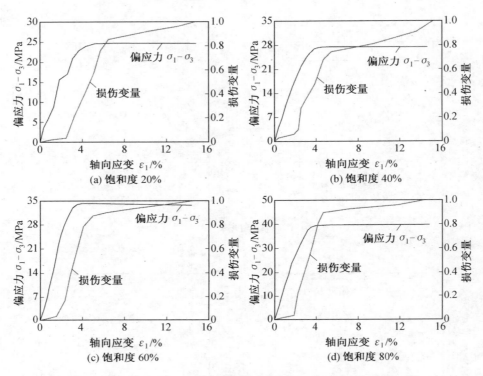

图 5.4　加载过程含瓦斯水合物煤体损伤变量变化情况(围压 11 MPa)

将第 3 章中图 3.1~3.4 所示围压 5 MPa 下加载过程含瓦斯水合物煤体应力-应变与累计声发射振铃计数代入式(5.4),可得到围压 5 MPa 下加载过程含瓦斯水合物煤体损伤变量变化情况,如图 5.1 所示,由图可知,含瓦斯水合物煤体损伤演化过程可分为损伤缓慢发展阶段、损伤快速发展阶段和损伤破坏阶段,各阶段特征如下。

1. 损伤缓慢发展阶段

损伤缓慢发展阶段损伤变量变化较小,对应轴向应变范围较大。不同饱和度下对应的轴向应变范围分别为 0~4.48%(饱和度 20%)、0~3.87%(饱和度 40%)、0~2.78%(饱和度 60%)、0~1.83%(饱和度 80%),轴向应变范围随饱和度增大而缩小,损伤变量最大值分别为 0.01(饱和度 20%)、0.04(饱和度 40%)、0.05(饱和度 60%)、0.05(饱和度 80%)。此阶段含瓦斯水合物煤体主要处于弹性阶段,煤体发生可恢复的弹性变形,有少量的颗粒滑移和微裂隙发育,产生少量损伤。

2. 损伤快速发展阶段

此阶段损伤变量增长迅速,大部分损伤发生于本阶段,对应轴向应变范围较小。在损伤快速发展阶段末期,含瓦斯水合物煤体损伤变量分别达到了0.92(饱和度20%)、0.91(饱和度40%)、0.87(饱和度60%)、0.83(饱和度80%)。78%~87%的煤体总体损伤都发生在损伤快速发展阶段。此阶段煤体发生不可恢复的塑性变形,出现屈服现象,大量颗粒发生滑移,微裂隙迅速发育,产生大量损伤,预示着煤体即将发生破坏。对应轴向应变4.48%~8.36%(饱和度20%)、3.87%~6.20%(饱和度40%)、2.78%~6.59%(饱和度60%)、1.83%~7.85%(饱和度80%)。围压5 MPa和饱和度80%下,在轴向应变范围4.46%~5.58%内,损伤变量增长速度明显变缓,轴向应变超过5.58%后,损伤变量增大速度逐渐变快,与轴向应变范围3.87%~4.46%内增大速度差别较小。

3. 损伤破坏阶段

此阶段煤体基本已经破坏,损伤变量变化较小,对应轴向应变范围较大。损伤破坏阶段损伤变量变化值分别为8%(饱和度20%)、9%(饱和度40%)、13%(饱和度60%)、17%(饱和度80%)。煤体破坏后仍有少量残余强度,发生少量损伤。

将第3章中图3.5~3.8所示围压7 MPa下加载过程含瓦斯水合物煤体应力-应变与累计声发射振铃计数代入式(5.4),可得到围压7 MPa下加载过程含瓦斯水合物煤体损伤变量变化情况,如图5.2所示。围压7 MPa下不同饱和度下含瓦斯水合物煤体表现出相似的损伤演化规律,故以围压7 MPa、饱和度40%为例进行介绍。由图5.2可知,加载初期,应力水平较低,含瓦斯水合物煤体处于弹性阶段,损伤变量较小且增长缓慢,轴向应变超过2.96%后,损伤变量开始快速增大,此时含瓦斯水合物煤体进入屈服阶段,发生剧烈的颗粒滑移和微裂隙发育,轴向应变达到8.50%、偏应力 $\sigma_1 - \sigma_3$ 达到8.51 MPa时,损伤变量达到0.88,含瓦斯水合物煤体内部微裂隙发育成为贯通断面,煤体基本已经破坏。随着轴向应力的逐渐增大,含瓦斯水合物煤体未出现明显的应力跌落,表现出应变硬化趋势,仍能承载一定的应力,产生少量损伤。

将第3章中图3.8~3.12所示围压9 MPa下加载过程含瓦斯水合物煤体应力-应变与累计声发射振铃计数代入式(5.4),可得到围压9 MPa下加载过

程含瓦斯水合物煤体损伤变量变化情况,如图 5.3 所示,由图可知,围压 9 MPa
下含瓦斯水合物煤体损伤演化过程可分为损伤缓慢发展、损伤快速发展和损伤
破坏 3 个阶段。含瓦斯水合物煤体损伤主要发生在损伤快速发展阶段,此阶段
损伤变量变化幅度较大。损伤快速发展阶段较短。围压 9 MPa 下,在饱和度
60% 和饱和度 80% 下均在损伤快速发展阶段出现了损伤变量增长速度变缓的
现象,饱和度 60% 下发生在轴向应变为 2.87% ~8.29% 时,饱和度 80% 下发生
在轴向应变为 3.42% ~6.14% 时。分析认为,煤体应变随着应力的增大而增
大,但损伤变量与应力增大存在一定差异性,且在围压和饱和度较高情况下,可
能出现应变增大而损伤变量变化较小的情况。

将第 3 章中图 3.13 ~3.16 所示围压 11 MPa 下加载过程含瓦斯水合物煤
体应力–应变与累计声发射振铃计数代入式(5.4),得到围压 11 MPa 下加载过
程含瓦斯水合物煤体损伤变量变化情况,如图 5.4 所示,由图可知,围压 11 MPa
下含瓦斯水合物煤体损伤演化过程可分为损伤缓慢发展、损伤快速发展和损伤
破坏 3 个阶段。含瓦斯水合物煤体损伤主要发生在损伤快速发展阶段,此阶段
损伤变量变化幅度较大。损伤快速发展阶段较短。

5.2.2 饱和度对含瓦斯水合物煤体损伤演化过程影响

为分析饱和度对含瓦斯水合物煤体损伤演化过程影响,根据图 5.1 ~5.4
中不同围压和饱和度下加载过程含瓦斯水合物煤体损伤变量,围压 5 MPa 下含
Ⅰ型瓦斯水合物煤体损伤演化过程如图 5.5(a)所示。饱和度对含不同晶体类
型瓦斯水合物煤体损伤演化过程影响规律较为相似,因此以含Ⅰ型瓦斯水合物
煤体为例进行介绍。由图 5.5 可知,在初始阶段,含Ⅰ型瓦斯水合物煤体损伤
程度较低,饱和度 80% 煤体损伤程度最高,饱和度 60% 和饱和度 40% 差别较
小。随着应力和应变的逐渐增大,轴向应变超过 2.82% 后,饱和度 60% 煤体损
伤发展速度较快,轴向应变 2.82% ~5.55% 范围内,饱和度 60% 煤体损伤程度
最高。当轴向应变超过 5.55% 后,饱和度 40% 煤体损伤程度最高,其次是饱和
度 60% 煤体,最低的是 80% 煤体。分析认为,煤体处于损伤缓慢发展阶段,仅
有轻微滑移,产生少量声发射事件,而水合物以填充、包裹、胶结等状态分布于
煤体孔隙之中,在轻微滑移作用下水合物饱和度变化对其与煤体骨架颗粒之间
相互作用影响较小。

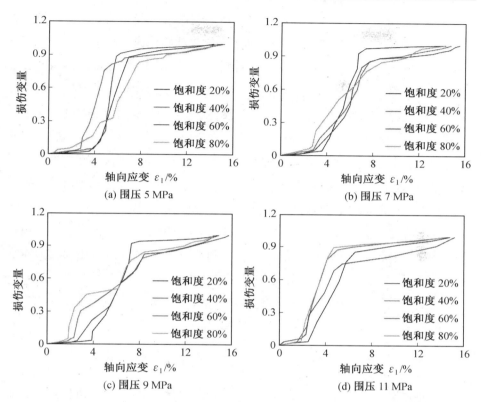

图 5.5　不同饱和度下含Ⅰ型瓦斯水合物煤体损伤演化过程(彩图见附录)

　　围压 7 MPa 下含Ⅰ型瓦斯水合物煤体损伤演化过程如图 5.5(b)所示,由图可知,围压 7 MPa 下不同饱和度含Ⅰ型瓦斯水合物煤体损伤演化过程可划分为 3 段,第 1 阶段是初始阶段,含Ⅰ型瓦斯水合物煤体处于较低损伤水平,不同饱和度含Ⅰ型瓦斯水合物煤体损伤差别较小。当轴向应变超过 2.74% 后,进入了第 2 阶段,损伤变量开始快速增大,此阶段,饱和度 80% 煤体损伤程度最高,轴向应变超过 6.33% 后,饱和度 80% 煤体损伤程度最小,饱和度 60% 和饱和度 40% 煤体损伤变量之间差别较小。当轴向应变超过 10.58% 后,进入了第 3 阶段,不同饱和度含Ⅰ型瓦斯水合物煤体损伤变量之间差别较小,含Ⅰ型瓦斯水合物煤体基本发生破坏。当煤体进入损伤快速演化阶段,产生不可逆的塑性变形,压缩煤孔隙空间,微裂隙等开始逐渐发育,颗粒、裂隙面滑移活动变得剧烈,而水合物分布于煤体颗粒与颗粒之间,起到胶结煤体颗粒或支撑孔隙空间的作用,抑制了产生声发射活动的颗粒、裂隙面滑移,从而造成了上述现象。

围压 9 MPa 下含 I 型瓦斯水合物煤体损伤演化过程如图 5.5(c)所示,由图可知,初始阶段饱和度对含 I 型瓦斯水合物煤体损伤影响较小。当轴向应变超过 1.80% 后,含 I 型瓦斯水合物煤体损伤变量快速增大,此阶段损伤变量随饱和度增大而增大。轴向应变超过 8.48% 后,不同饱和度含 I 型瓦斯水合物煤体损伤变量差别较小。在损伤破坏阶段,随着轴向荷载的继续施加,含 I 型瓦斯水合物煤体能承载的应力几乎不再发生变化,这可能是因为损伤破坏阶段含 I 型瓦斯水合物煤体能够承载的应力主要来源于贯通面滑移,而在贯通面滑移过程中水合物的胶结或支撑作用仍能发挥一定作用,导致饱和度对损伤破坏阶段含 I 型瓦斯水合物煤体累计声发射振铃计数有一定影响。

综上所述,饱和度对损伤缓慢发展阶段和损伤破坏阶段含瓦斯水合物煤体损伤演化影响较小,而对损伤快速发展阶段损伤变量影响较大,相同轴向应变下,较高饱和度含瓦斯水合物煤体一般损伤程度较高,且加载过程含瓦斯水合物煤体损伤变量增长速度表现非线性趋势,少数不同饱和度损伤变量曲线出现交叉点。

5.2.3　晶体类型对含瓦斯水合物煤体损伤演化过程影响

晶体类型对含瓦斯水合物煤体声发射特征有较大影响,为分析晶体类型对含瓦斯水合物煤体损伤演化规律影响,将第 3、4 章中加载过程含 I、II 型瓦斯水合物煤体应力-应变与累计声发射振铃计数代入式(5.4),结果如图 5.6 ~ 5.8 所示。不同饱和度下晶体类型对含瓦斯水合物煤体损伤演化过程影响规律较为相似,因此以饱和度 20%、40% 为例进行介绍。围压 5 MPa 和饱和度 40%、60% 下含不同晶体类型瓦斯水合物煤体损伤演化过程如图 5.6(a)和(b)所示。由图可知,轴向应变 0 ~ 6% 范围内,含 I 型瓦斯水合物煤体和含 II 型瓦斯水合物煤体损伤变量曲线呈近似重叠,说明晶体类型对较小轴向应变范围内损伤变量影响较小。轴向应变超过 6% 后,相同轴向应变下含 I 型瓦斯水合物煤体具有较高的损伤程度;轴向应变超过 10% 后,含 I 型瓦斯水合物煤体和含 II 型瓦斯水合物煤体损伤变量曲线差别较小。

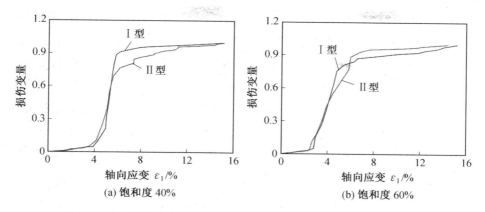

(a) 饱和度 40%　　　　　　　　(b) 饱和度 60%

图 5.6　含不同晶体类型瓦斯水合物煤体损伤演化规律(围压 5 MPa)

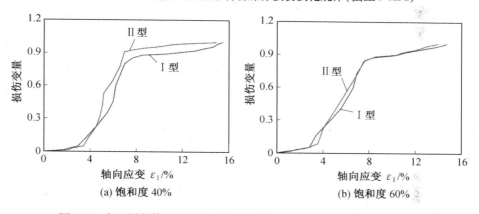

(a) 饱和度 40%　　　　　　　　(b) 饱和度 60%

图 5.7　含不同晶体类型瓦斯水合物煤体损伤演化规律(围压 7 MPa)

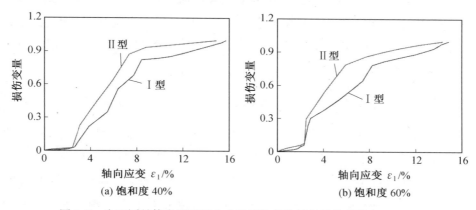

(a) 饱和度 40%　　　　　　　　(b) 饱和度 60%

图 5.8　含不同晶体类型瓦斯水合物煤体损伤演化规律(围压 9 MPa)

围压 7 MPa 和饱和度 40% 、60% 下含不同晶体类型瓦斯水合物煤体损伤演化过程如图 5.7(a) 所示。由图可知,轴向应变小于 4% 时,含 I 型瓦斯水合物煤体损伤程度稍高于含 II 型瓦斯水合物煤体。随损伤变量的增大,含 II 型瓦斯水合物煤体损伤变量增大速度较快,在相同轴向应变下具有较高的损伤水平。在围压 7 MPa 和饱和度 40% 、60% 下晶体类型对含瓦斯水合物煤体损伤变量影响较小。两种晶体类型对应曲线分别在 4.12%(饱和度 40%)、6.82%(饱和度 40%)、2.55%(饱和度 60%)、5.13%(饱和度 60%)、8.72%(饱和度 60%)处发生了交叉,且两种饱和度下,不同晶体类型对应损伤变量曲线在轴向应变小于 4% 和大于 8% 范围内出现了近似重叠现象。

围压 9 MPa 和饱和度 40% 、60% 下含不同晶体类型瓦斯水合物煤体损伤演化过程如图 5.8 所示。由图可知,在整个损伤过程中,相同轴向应变下含 II 型瓦斯水合物煤体始终具有较高损伤程度,且饱和度 60% 下两种含瓦斯水合物煤体损伤变量之间差值较大。轴向应变较小范围内,晶体类型对含瓦斯水合物煤体损伤影响较小,随应力和应变的增大,煤体进入损伤快速发展阶段,轴向应变范围 2% ~5% 内,相同轴向应变下含 I 型瓦斯水合物煤体具有较高的损伤程度。而随着应力和应变的进一步增大,含 I 型瓦斯水合物煤体损伤增长速度趋缓,出现了类似损伤平台现象,损伤平台之后,含 I 型瓦斯水合物煤体损伤增长速度恢复到损伤平台之前的水平,但含 I 型瓦斯水合物煤体损伤变量一直小于含 II 型瓦斯水合物煤体损伤变量。

综上所述,在较高围压下晶体类型对含瓦斯水合物煤体损伤变量影响较大,相同轴向应变下含 II 型瓦斯水合物煤体一般具有较高的损伤程度,而在较低围压下,含不同晶体类型瓦斯水合物煤体损伤变量之间差别较小,损伤曲线交叉现象较多。

5.2.4　围压对含瓦斯水合物煤体损伤演化过程影响

上述研究发现围压对含瓦斯水合物煤体声发射特征影响显著,高围压有抑制声发射活动的作用,为了进一步从损伤角度分析围压对含瓦斯水合物煤体损伤力学特征影响,将第 3、4 章中加载过程含 I 、II 型瓦斯水合物煤体应力–应变与累计声发射振铃计数代入式(5.4),得到饱和度 20% 和不同围压下含 I 型瓦斯水合物煤体损伤演化过程(图 5.9(a))。由图可知,轴向应变较小情况下,围压对含Ⅰ型瓦斯水合物煤体损伤影响基本不表现,进入损伤快速发展阶段后,围压 9 MPa 下含Ⅰ型瓦斯水合物煤体具有较高的损伤水平,其次是围压 7 MPa 和围压 5 MPa 下的煤体,轴向应变 5% 左右,3 种围压对应损伤变量曲线出现了交叉,交叉点后围压 5 MPa 下煤体损伤增长速度较快,处于较高损伤水平,而围压 9 MPa 和围压 7 MPa 下则出现了近似重叠段,重叠段之后,相比于围压 9 MPa,围压 7 MPa 下含Ⅰ型瓦斯水合物煤体具有较高的损伤程度。

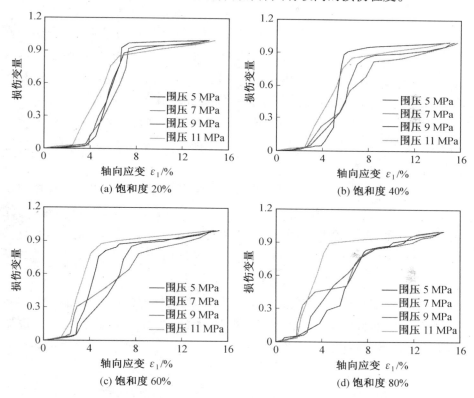

图 5.9　不同围压下含Ⅰ型瓦斯水合物煤体损伤演化规律(彩图见附录)

饱和度 60%、40% 和不同围压下含Ⅰ型瓦斯水合物煤体损伤演化过程如图 5.9(b) 和(c)所示。由图可知,在轴向应变小于 3% 和大于 7% 的范围内,围压对含Ⅰ型瓦斯水合物煤体损伤影响较小,围压 9 MPa 下含Ⅰ型瓦斯水合物煤体损伤变量曲线呈快速增大—缓慢增大—快速增大趋势,与围压 7 MPa 和围压 5 MPa 下损伤变量曲线发生一次相交。

综上所述,在损伤缓慢发展阶段和损伤破坏阶段,围压对含瓦斯水合物煤体损伤影响较小。在损伤快速发展阶段,不同围压下含瓦斯水合物煤体损伤演化具有一定差异性,相同轴向应变下,较高围压下含瓦斯水合物煤体总体上表现出较高的损伤水平。

5.3　本章小结

(1)含瓦斯水合物煤体损伤演化过程可分为损伤缓慢发展阶段、损伤快速发展阶段和损伤破坏阶段。损伤缓慢发展阶段损伤变量变化较小,含瓦斯水合物煤体主要处于弹性阶段,煤体发生可恢复的弹性变形,有少量的颗粒滑移和微裂隙发育,产生少量损伤。损伤快速发展阶段损伤变量增长迅速,78% ~ 87%的煤体总体损伤都发生在损伤快速发展阶段。损伤破坏阶段煤体基本已经破坏,损伤变量变化较小,对应轴向应变范围较长,煤体破坏后仍有少量残余强度,发生少量损伤。

(2)饱和度对损伤缓慢发展阶段和损伤破坏阶段含瓦斯水合物煤体损伤演化影响较小,而对损伤快速发展阶段损伤变量影响较大,相同轴向应变下,较高饱和度下含瓦斯水合物煤体一般损伤程度较高,且加载过程含瓦斯水合物煤体损伤变量增长速度表现非线性趋势,少数不同饱和度损伤变量曲线出现交叉点。

(3)在较高围压下晶体类型对含瓦斯水合物煤体损伤变量影响较大,相同轴向应变下含Ⅱ型瓦斯水合物煤体一般具有较高的损伤程度,而在较低围压下,含不同晶体类型瓦斯水合物煤体损伤变量之间差别较小,损伤变量曲线交叉现象较多。

(4)在损伤缓慢发展阶段和损伤破坏阶段,围压对含瓦斯水合物煤体损伤影响较小。在损伤快速发展阶段,不同围压下含瓦斯水合物煤体损伤演化具有一定差异性,相同轴向应变下,较高围压下含瓦斯水合物煤体总体上表现出较高的损伤水平。

第6章　受载含瓦斯水合物煤体数值模拟研究

6.1　含瓦斯水合物煤体常规三轴加载数值模拟

离散单元法是 Cundall 于 1971 年针对节理岩体的边坡稳定性问题开发的一种非连续的数值模拟方法,这种方法的可靠性得到了由 De Josselin De Jong 和 Verrujit 于 1971 年所做的光弹试验的验证。1974 年,离散程序趋于成熟,随后国内外学者利用离散元进行了大量的研究。由于离散单元法在离散物质分析方面的优越性,近年来已成为解决非连续介质问题的一种有效的、富有发展前景的数值模拟方法。本书采用较为成熟的离散元模拟软件 PFC,基于颗粒流理论,选取接触黏结模型模拟常规三轴加载和循环加卸载下含瓦斯水合物煤体颗粒滑移等行为,从微观角度探索水合物饱和度、晶体类型等对煤体声发射特征影响机理。

6.1.1　接触模型的选择与离散元模型的建立

离散元中接触模型的选择与所模拟的材料有关,本书所模拟的材料为含瓦斯水合物煤体,该材料的力学性质与水合物沉积物的力学性质相类似。王璇等对水合物沉积物(含可燃冰砂土)进行排水双轴剪切试验时,采用的模型为接触黏结模型,因此本书也采用相同的接触模型,该模型需确定的主要细观参数包括:切向刚度、法向刚度、摩擦系数、切向黏结应力和法向黏结应力。

根据文献中的方法生成不同饱和度的含瓦斯水合物煤体,不同饱和度(40%、60%、80%)的含瓦斯水合物煤体试样如图 6.1 所示。试样为直径 2 mm、高 4 mm 的圆柱体,采用球性颗粒模拟煤粉颗粒及水合物颗粒,其中蓝色颗粒代表煤粉,粒径为 0.075 ~ 0.10 mm,绿色颗粒代表水合物,考虑到土体孔隙率以及计算效率,粒径定为 0.04 mm。图 6.1(a)为水合物饱和度为 40% 的试样,共生成 4 739 个颗粒;图 6.1(b)为水合物饱和度为 60% 的试样,共生成 6 040 个颗粒;图 6.1(c)为水合物饱和度为 80% 的试样,共生成 8 226 个颗粒。

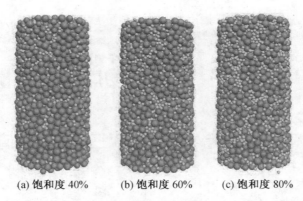

(a) 饱和度 40%　　　(b) 饱和度 60%　　　(c) 饱和度 80%

图 6.1　不同饱和度的含瓦斯水合物煤体试样(彩图见附录)

含瓦斯水合物煤体试样的生成过程如下。

(1)生成墙体:使用 wall creat 命令生成圆柱体侧墙和上下两个加载板,圆柱体侧墙提供围压,上下加载板提供轴压,生成的墙体如图 6.2 所示。

(2)生成颗粒:通过研究发现,水合物在煤体中一般有两种存在形式,即胶结型和填充型,本书将水合物颗粒"转化"为煤粉颗粒,二者同时生成,生成后的试样中既有填充型水合物又有胶结型水合物,符合实际情况。水合物颗粒所占比例按照含瓦斯水合物煤体的实际饱和度进行计算。颗粒生成后,对生成的颗粒进行再平衡,使颗粒间的不平衡力小于某一特定值,消除生成颗粒产生的重叠量,颗粒生成后的模型如图 6.3 所示。

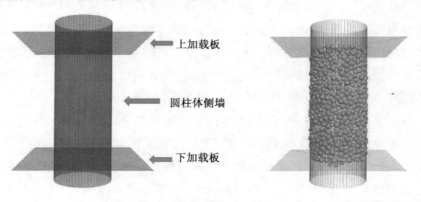

图 6.2　墙体示意图　　　　　　图 6.3　颗粒生成的模型

(3)赋予颗粒接触模型:在颗粒流数值模拟方面,模型的主要参数分为两方面:一是表征试样几何大小及试验条件的物理参数,见表 6.1;二是表征颗粒接触力学模型等细观层面的参数。在本数值模拟中,水合物颗粒与水合物颗粒间、水合物颗粒与煤粉颗粒间,以及煤粉颗粒与煤粉颗粒间赋予接触黏结模型,水合物颗粒与墙体间以及煤粉颗粒与墙体间赋予平行接触模型。通过对不同饱和度的含瓦斯水合物煤体进行模拟,发现仅改变水合物颗粒与煤粉颗粒的比例并不能完全模拟出含瓦斯水合物煤体的偏应力-应变曲线。蒋明镜在对不同饱和度的 CH_4 水合物沉积物进行数值模拟时,以不同黏结强度来表征不同饱和度的水合物沉积物。本书借助蒋明镜的思想,通过改变两种颗粒的比例以及颗粒间的黏结强度进行模拟,通过试错法确定的离散元模型细观参数取值见表6.2。

表6.1 离散元模型物理参数取值

参数	取值
试样高度/mm	4.0
试样直径/mm	2.0
重力加速度/$(m \cdot s^{-2})$	9.8
加载速率/$(mm \cdot min^{-1})$	0.1
围压/MPa	5

表6.2 离散元模型细观参数取值

参数	取值
孔隙率/%	0.4
墙体切向刚度/$(N \cdot m^{-1})$	$1.0×10^8$
墙体法向刚度(再平衡前)/$(N \cdot m^{-1})$	$1.0×10^8$
墙体法向刚度(再平衡后)/$(N \cdot m^{-1})$	$1.0×10^7$
摩擦系数	1.0
颗粒法向刚度/$(N \cdot m^{-1})$	$5.0×10^8$
颗粒切向刚度/$(N \cdot m^{-1})$	$1.0×10^7$
颗粒法向黏结应力/$(N \cdot m^{-1})$	$0.5×10^5$
颗粒切向黏结应力/$(N \cdot m^{-1})$	$1.0×10^5$(饱和度40%) $2.5×10^5$(饱和度60%) $3.0×10^5$(饱和度80%)

在离散元中,边界条件可以施加到边界颗粒或边界墙体上,若边界是由颗粒组成的,则可以方便地在边界颗粒上施加应力控制条件,但是如果系统发生大变形,这种加载方式可能会失效。因此,实际情况中边界一般由墙体组成。

离散元中,对于颗粒可以直接施加应力及速度,而对于墙体,只能施加速度,不能直接施加应力。因此,对于常规三轴或真三轴数值试验来说,一般通过离散元软件中自带的伺服控制系统,计算圆柱形侧面的不平衡力来控制整个墙体的速度,实现围压为定值。本数值试验中围压为 5 MPa,加载过程中围压的变化情况如图 6.4 所示。

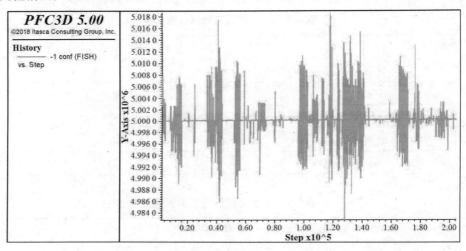

图 6.4　加载过程中围压的变化情况

6.1.2　离散元试验模拟结果

1. 刚度比取值的影响

为了研究刚度比 k_n/k_s 对离散元模拟结果的影响,在摩擦系数、切向黏结强度、法向黏结强度等不变的情况下取不同的刚度比进行常规三轴数值模拟试验。其他条件相同,刚度比取值不同情况下含瓦斯水合物煤体的偏应力-应变曲线如图 6.5 所示。

从图 6.5 中不难看出,刚度比对含瓦斯水合物煤体的弹性模量和峰值强度并没有明显的影响,弹性模量和峰值强度不随刚度比的增大而单调增大或单调减小。对弹性模量和峰值强度进行进一步分析,弹性模量和峰值强度随刚度比的变化情况如图6.6所示。从图6.6中可以看出，$k_n/k_s > 1$的曲线的弹性模量总体上比$k_n/k_s \leq 1$的曲线的弹性模量要大，当刚度比由$k_n/k_s = 1$增加到$k_n/k_s = 2$时，弹性模量由378.2 MPa增加到534.0 MPa，增加了155.8 MPa。对于峰值强度，随着刚度比k_n/k_s的增大，总体上呈现减小的趋势。出现此种现象的原因有待进一步研究讨论。

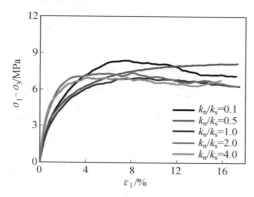

图6.5　不同刚度比条件下含瓦斯水合物煤体的偏应力-应变曲线（彩图见附录）

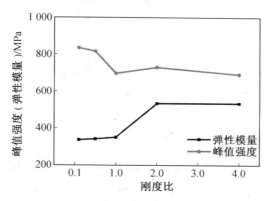

图6.6　弹性模量、峰值强度与刚度比的关系

2. 黏结应力取值的影响

王璇等对含可燃冰砂土进行剪切特性离散元模拟时仅通过改变颗粒的黏结率R_b来表示不同饱和度的可燃冰。在本书中，通过同时改变水合物颗粒含量及颗粒的黏结应力来表示不同饱和度的含瓦斯水合物煤体。因此，有必要分别对水合物含量及黏结应力对偏应力-应变曲线的影响进行研究。

固定其他参数,仅改变颗粒切向黏结应力得到的不同切向黏结应力下的含瓦斯水合物应力煤体的偏应力–应变曲线如图 6.7 所示。在本模拟试验中,所选的法向黏结应力为 0.5×10^5 N·m^{-1}。由图 6.7 可知:当颗粒间切向黏结应力为 0.5×10^4 N·m^{-1}时,模拟出的含瓦斯水合物煤体的偏应力–应变曲线与室内试验得到的偏应力–应变曲线均为应变硬化型。随着切向黏结应力的增大,数值试验得到的偏应力–应变曲线由应变硬化型逐渐向应变软化型转变,曲线的弹性模量和峰值强度也随切向黏结应力的增大而增大,切向黏结应力 0.5×10^5 N·m^{-1}可以看作一条过渡曲线。值得注意的是,当切向黏结应力与法向黏结应力之比小于 1 时,含瓦斯水合物煤体的偏应力–应变曲线并没有明显的变化。当模拟结束(即轴向应变达到 16%)后,曲线的残余强度亦没有明显的变化。

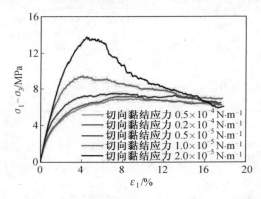

图 6.7　不同切向黏结应力下含瓦斯水合物煤体的偏应力–应变曲线(彩图见附录)

3. 水合物颗粒含量取值的影响

在本次含瓦斯水合物数值模拟试验中,共生成两种颗粒:煤粉颗粒和水合物颗粒,煤粉颗粒粒径为 0.075 ~ 0.10 mm,水合物颗粒粒径为 0.04 mm,水合物颗粒的占比情况不仅影响试样中颗粒的生成数量,还影响整个系统的计算效率,而且直接关系到模拟出的含瓦斯水合物煤体的力学性质。

模拟得到的不同水合物颗粒含量(10%、15%、20%、25%、30%)的含瓦斯水合物煤体的偏应力–应变曲线如图 6.8 所示。从图中可以看出:①水合物颗粒含量对含瓦斯水合物煤体的应力–应变曲线影响明显,随着水合物颗粒含量的增加,含瓦斯水合物煤体表现出越来越明显的应变软化特征,这与实际情况相符合。②数值试验得到的含瓦斯水合物煤体的弹性模量和峰值强度与水合物颗粒含量有着密切的关系,随着水合物颗粒含量的增大,含瓦斯水合物煤体的弹性模量和峰值强度也随之增大,但并非线性增大。与切向黏结应力对偏应力-应变曲线的影响类似,在模拟结束后,不同水合物颗粒含量的曲线残余强度大致相等。

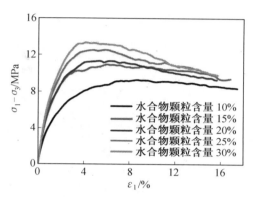

图 6.8　不同水合物颗粒含量的含瓦斯水合物煤体的偏应力-应变曲线(彩图见附录)

4. 围压取值的影响

一些学者的研究表明,围压对材料的力学性质有重要影响,由于条件限制,并未进行不同围压下含瓦斯水合物煤体力学性质试验研究。而采用离散元法则只需要改变围压参数即可得到不同围压下含瓦斯水合物煤体的偏应力-应变曲线。

围压为 1 MPa、3 MPa、5 MPa、7 MPa 和 9 MPa 下含瓦斯水合物煤体数值模拟试验得到的偏应力-应变曲线如图 6.9 所示。可以发现,在其他条件不变的

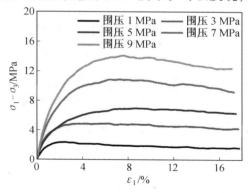

图 6.9　不同围压下含瓦斯水合物煤体的偏应力-应变线(彩图见附录)

情况下,围压的增大,含瓦斯水合物煤体的弹性模量和峰值强度随之增加,峰值应力对应的峰值应变也随之增大。曲线形状随着围压的增大从应变硬化型向应变软化型转化。不同围压下峰值强度及弹性模量的变化如图 6.10 所示,可以看出,较弹性模量而言,峰值强度随围压的变化更加明显,峰值强度随围压的变化可以用一次函数来表示,经拟合得

$$(\sigma_1 - \sigma_3)_m = 42.78 + 147.2\sigma_3$$

拟合度 $R^2 = 98.12\%$ 。

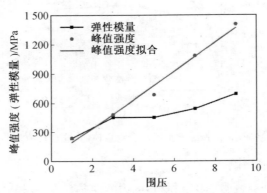

图 6.10　弹性模量、峰值强度与围压的关系

6.1.3　偏应力-应变关系

不同饱和度下含瓦斯水合物煤体室内试验和数值模拟的偏应力-应变曲线如图 6.11 所示。

将图 6.11(a)～(c)进行对比可以发现,本书离散元模拟结果可以较好地反映含瓦斯水合物煤体的主要应力-应变特征,主要表现在:数值模拟得到的偏应力-应变曲线可以较好地表达含瓦斯水合物煤体的弹性模量和峰值强度。不同饱和度下含瓦斯水合物煤体数值模拟和室内试验的峰值强度和弹性模量的对比见表 6.3。从表中可以看出,随着饱和度的增大,数值模拟和室内试验的误差逐渐减小。与弹性模量相比,数值模拟对峰值强度拟合得更好,误差的绝对值均在 5% 以内。

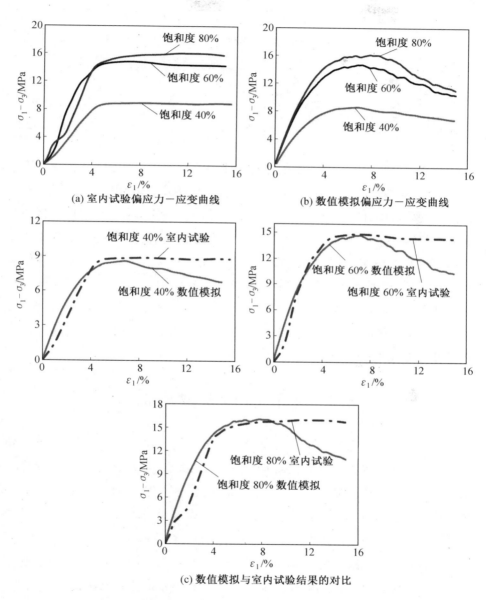

(a) 室内试验偏应力−应变曲线

(b) 数值模拟偏应力−应变曲线

(c) 数值模拟与室内试验结果的对比

图6.11 不同饱和度下含瓦斯水合物煤体的偏应力-应变曲线

表 6.3　室内试验与数值模拟弹性模量、峰值强度对比

饱和度	弹性模量 室内试验值 /MPa	弹性模量 数值模拟值 /MPa	误差/%	峰值强度 室内试验值 /MPa	峰值强度 数值模拟值 /MPa	误差/%
40%	186.4	252.6	35.5	8.99	8.58	−4.56
60%	382.1	478.9	25.3	14.85	14.69	1.08
80%	431.1	481.2	11.6	16.09	16.12	0.12

　　数值模拟与室内试验的不同之处在于室内试验的偏应力-应变曲线为应变硬化型,而数值模拟得到的偏应力-应变曲线为应变软化型。分析认为,出现此种现象可能有以下几点原因:①实际含瓦斯水合物煤体颗粒之间的接触并非是点接触,接触处存在一定的宽度,能够抵抗颗粒之间的相互转动,而本数值模拟未做此考虑,将颗粒之间的接触考虑为点接触;②在本数值模拟中,煤粉颗粒与煤粉颗粒、水合物颗粒与水合物颗粒以及煤粉颗粒与水合物颗粒之间的刚度比和黏结强度均相等,而实际情况下则有所不同,而本数值模拟未做此考虑;③数值模拟采用的颗粒单元是刚性体,不能发生破碎。以上原因可能导致模拟出的曲线为应变软化型。

6.2　循环加卸载离散元模拟

　　在煤矿开挖过程中,煤岩的破坏是一个十分复杂的现象。循环载荷是工程实践中一种非常重要的载荷形式,而且通过循环加卸载可以揭示煤岩弹性势能与其他能量的转化机制。已有学者通过室内试验表明:在循环加卸载过程中煤体的应力-应变外包络线与连续加载的应力-应变曲线吻合。为此,对不同水合物饱和度的含瓦斯水合物煤体进行循环加卸载数值模拟。

　　在进行循环加卸载数值模拟时,使用的细观参数与常规三轴加载的细观参数相同。当偏应力加载到常规三轴峰值强度的 95% 时进行卸载,卸载一定的时步后继续进行加载,如此往复 3 次,最后加载到轴向应变为 15% 为止。常规三轴加载与循环加卸载数值试验对比如图 6.12 所示。从图中可以看出:与苏承东的研究类似,数值模拟得到的循环加卸载下含瓦斯水合物煤体偏应力-应

变曲线的外包络线与常规三轴加载的偏应力-应变曲线吻合,而加、卸载路径并不重复,始终具有滞回环,这说明应力和应变并不存在一一对应关系。通过对不同饱和度下的滞回环进行对比,发现饱和度越大,滞回环的面积相对越小,分析认为这可能与含瓦斯水合物煤体的弹性模量有关。

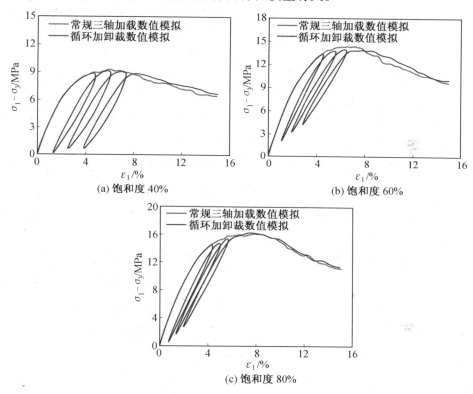

图 6.12　常规三轴加载与循环加卸载数值试验对比(彩图见附录)

6.3　数值模拟曲线与声发射曲线对比分析

为了比较含瓦斯水合物煤体数值模拟试验的偏应力-应变曲线与声发射振铃计数的变化规律,对饱和度为 40% 的数值模拟试验的偏应力-应变曲线与声发射振铃计数进行对比分析,如图 6.13 所示(图中与横轴垂直的竖线代表声发射振铃计数)。

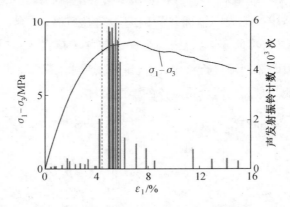

图 6.13　数值模拟偏应力–应变曲线与声发射振铃计数对比

从图中可以看出,声发射振铃计数与偏应力–应变曲线有很大的相关性。应变在 0 ~ 4% 范围内变化时,声发射振铃计数逐渐增大,但数量依然比较少。在此阶段,声发射信号来源是试样内的原生裂纹受到挤压,随着应变的增大,试样产生了新的缝隙并稳步发展。当应变在 5% 左右时,数值模拟的偏应力达到峰值,声发射振铃计数突然剧增,此时试样在前几个阶段积累的能量被释放,试样发生破裂。应变的继续增大,偏应力和声发射振铃计数随之减小。

结合表 6.2、图 6.11 和 6.13 可以看出,随着饱和度的增大,含瓦斯水合物煤体的破坏强度及颗粒间的切向黏结应力增大,但声发射振铃计数减小。分析认为:饱和度的增大,颗粒间的切向黏结应力随之增大,试样越不容易发生破坏,因此试样的破坏强度越大;而切向黏结应力的增大,一定程度上抑制了含瓦斯水合物煤体颗粒的破裂及裂隙滑动,颗粒之间越不容易出现滑移现象,从而降低了声发射的活跃性,因此声发射振铃计数随之减小。

6.4　本章小结

本书通过颗粒流数值模拟方法研究了含瓦斯水合物煤体常规三轴加载和循环加卸载条件下的力学性质,得到了以下结论。

(1)从微观角度分析水合物生成及饱和度变化对煤体声发射特征影响机制,认为饱和度增大会导致颗粒间的切向黏结应力增大,一定程度上抑制了含瓦斯水合物煤体颗粒的破裂及裂隙滑动,使得颗粒之间较难出现滑移现象,从而降低了声发射事件的活跃水平。

（2）数值模拟结果可以较好地反映含瓦斯水合物煤体的主要应力-应变特征，主要表现在：数值模拟得到的偏应力-应变曲线可以较好地表达含瓦斯水合物煤体的弹性模量和峰值强度。

（3）数值模拟得到的循环加卸载条件下含瓦斯水合物煤体偏应力-应变曲线的外包络线与常规三轴加载的偏应力-应变曲线吻合，而加、卸载路径并不重复，始终具有滞回环。

第7章 结论与展望

7.1 主要结论

本书通过制备不同饱和度含瓦斯水合物煤体试样并对其进行三轴加载直至破坏,得到不同饱和度、晶体类型含瓦斯水合物煤体加载过程声发射特征参数,结合含瓦斯水合物煤体变形破坏的弹性阶段、屈服阶段、破坏阶段,分析了饱和度、晶体类型对煤体各变形破坏阶段声发射特征影响;选取声发射累计声发射振铃计数作为损伤变量,得到加载过程含瓦斯水合物煤体损伤演变规律;采用数值模拟方法,基于颗粒流理论,选取接触黏结模型模拟常规三轴加载和循环加卸载下含瓦斯水合物煤体颗粒滑移等行为,从微观角度探索了水合物饱和度、晶体类型等对煤体声发射特征影响机理,从声发射方面部分回答了瓦斯水合物的形成能否消除煤与瓦斯突出危险性问题,取得了结论如下。

(1)饱和度对含瓦斯水合物煤体声发射特征影响研究。

① 含瓦斯水合物煤体应力−应变曲线主要由弹性阶段、屈服阶段和破坏阶段构成,声发射振铃计数与应力响应具有一定相关性。含瓦斯水合物煤体弹性阶段产生少量声发射事件,累计声发射振铃计数增长缓慢。第一次声发射振铃计数突增一般出现在屈服点前后,屈服阶段声发射事件较活跃,累计声发射振铃计数增长较快。破坏阶段声发射事件较多,声发射振铃计数峰值多出现于破坏点前后。含瓦斯水合物煤体破坏阶段较长,煤体破坏后仍有少量声发射事件产生。

② 含瓦斯水合物煤体累计声发射振铃计数随饱和度增大呈近似线性减少趋势。饱和度对含瓦斯水合物煤体弹性阶段累计声发射振铃计数影响较小,对屈服阶段和破坏阶段累计声发射振铃计数影响较大。围压对含瓦斯水合物煤体声发射活动具有抑制作用。随围压增大,含瓦斯水合物煤体总累计声发射振铃计数与各阶段累计声发射振铃计数均呈减少趋势。

③ 加载过程声发射能量、声发射幅值与声发射振铃计数表现出相似的变化规律,仅在具体数值范围上有一定差异。屈服阶段和破坏阶段,含瓦斯煤声发射振铃计数高于含瓦斯水合物煤,说明瓦斯水合物生成于煤体孔隙空间之中,能降低瓦斯压力和强化煤体力学性能,进而在相同条件下含瓦斯水合物煤体表现出了较低的声发射振铃计数,从煤体声发射角度说明了瓦斯水合物生成对煤体声学特征影响。

(2)晶体类型对含瓦斯水合物煤体声发射特征影响研究。

① 相同围压和饱和度下,相比于含 I 型瓦斯水合物煤体,含 II 型瓦斯水合物煤体总体上具有较低的累计声发射振铃计数。围压 7 MPa 和饱和度 60% 下,晶体类型变化对含瓦斯水合物煤体声发射振铃计数影响最大,含 II 型瓦斯水合物煤体累计声发射振铃计数是含 I 型瓦斯水合物煤体的 60.49% 。

② 弹性阶段,晶体类型变化对声发射振铃计数影响较小且规律性不明显。屈服阶段,含 II 型瓦斯水合物煤体总体上具有较小的累计声发射振铃计数,围压9 MPa和饱和度 40% 下晶体类型影响最大,含 II 型瓦斯水合物煤体屈服阶段累计声发射振铃计数一般为含 I 型瓦斯水合物煤体的 0.53 ~ 1.11。破坏阶段,含 II 型瓦斯水合物煤体具有较小的累计声发射振铃计数,含 II 型瓦斯水合物煤体破坏阶段累计声发射振铃计数一般为含 I 型瓦斯水合物煤体的 0.37 ~ 1.02。

③ 相同围压下,含 II 型瓦斯水合物煤体累计声发射振铃计数随饱和度增大而近似线性减少。相同饱和度下,含 II 型瓦斯水合物煤体累计声发射振铃计数随围压增大而近似线性降低且降低幅度较大,弹性阶段、屈服阶段和破坏阶段累计声发射振铃计数均随围压增大而减少。

(3)基于声发射试验的含瓦斯水合物煤体损伤演化规律研究。

① 含瓦斯水合物煤体损伤演化过程可分为损伤缓慢发展阶段、损伤快速发展阶段和损伤破坏阶段。损伤缓慢发展阶段损伤变量变化较小,含瓦斯水合物煤体主要处于弹性阶段,煤体发生可恢复的弹性变形,有少量的颗粒滑移和微裂隙发育,产生少量损伤。损伤快速发展阶段损伤变量增长迅速,78% ~ 87% 的煤体总体损伤都发生在损伤快速发展阶段。损伤破坏阶段煤体基本已经破坏,损伤变量变化较小,对应轴向应变范围较长,煤体基本破坏,煤体破坏

后仍有少量残余强度,发生少量损伤。

② 饱和度对损伤缓慢发展和损伤破坏阶段含瓦斯水合物煤体损伤演化影响较小,而对损伤快速发展阶段损伤变量影响较大,相同轴向应变下,较高饱和度含瓦斯水合物煤体一般损伤程度较高。在较高围压下晶体类型对含瓦斯合物煤体损伤变量影响较大,相同轴向应变下含Ⅱ型瓦斯水合物煤体一般具有较高的损伤程度,而在较低围压下,含不同晶体类型瓦斯水合物煤体损伤变量之间差别较小,损伤曲线交叉现象较多。

(4)基于离散元的受载含瓦斯水合物煤体数值模拟研究。

① 从微观角度分析了水合物生成及饱和度变化对煤体声发射特征影响机制,认为饱和度增大会导致颗粒间的切向黏应力增大,一定程度上抑制了含瓦斯水合物煤体颗粒的破裂及裂隙滑动,使得颗粒之间较难出现滑移现象,从而降低了声发射事件的活跃水平。

② 数值模拟结果可以较好地反映含瓦斯水合物煤体的主要应力-应变特征,主要表现在:数值模拟得到的偏应力-应变曲线可以较好地表达含瓦斯合物煤体的弹性模量和峰值强度。

7.2　主要创新点

(1)利用煤体中瓦斯水合物原位生成与声发射特征测试一体化试验装置,开展了不同饱和度下含瓦斯水合物煤体声发射试验,分析了饱和度和围压对含瓦斯水合物煤体声发射特征影响规律,探讨了水合物生成对含瓦斯水合物煤体声发射特征影响机制。

(2)基于煤矿不同组分瓦斯气体形成不同晶体类型瓦斯水合物,首次开展了含Ⅱ型瓦斯水合物煤体声发射试验,并与含Ⅰ型瓦斯水合物煤体声发射特征相比较,分析了晶体类型对煤体声发射特征影响规律及机理。

(3)将煤岩体损伤理论应用于含瓦斯水合物煤体,从损伤理论角度分析了饱和度、围压、晶体类型对含瓦斯水合物煤体损伤演变规律影响,并讨论了影响机理。

(4)通过颗粒流数值方法模拟了加载过程含瓦斯水合物煤体颗粒滑移等过程,从微观角度分析了水合物对煤体声发射特征影响机理,验证了宏观试验的结论和分析。

7.3　研究工作的局限及展望

（1）因试验设备所限，本书中应力路径为三轴压缩应力路径，仅利用颗粒流数值仿真手段开展了循环加卸载下含瓦斯水合物煤体三轴试验。后续研究中应引入升轴压卸围压等复杂采动应力路径。

（2）在后续研究中应开展高应力下含瓦斯水合物原煤煤体声发射特征，以期更符合现有深部开采应用背景；在后续研究中应利用 X-CT、时域反射等扫描分析技术，测试加载稳定后的含瓦斯水合物煤体试样，获取其内部灰度分布、水合物分布等特征数据。

（3）由于煤岩破裂产生的物理信号机制不同，单一指标难以全面、准确地反映煤体破坏特征，后续研究应采用声发射、电磁感应信号等为主要指标的综合指标法代替单一指标法，达到更全面、准确地反映煤体破坏特征的目的。

（4）各因素变化对水合物-煤体介质体系声发射特征存在不同影响，应辨别各个因素的影响程度，进而得到饱和度、围压、晶体类型对水合物-煤体介质体系耦合影响关系。

参 考 文 献

[1]袁亮. 煤矿典型动力灾害风险判识及监控预警技术研究进展[J]. 煤炭学报, 2020, 45(5): 1557-1566.

[2]谢和平, 李存宝, 高明忠, 等. 深部原位岩石力学构想与初步探索[J]. 岩石力学与工程学报, 2021, 40(2): 217-232.

[3]吴强, 李成林, 江传力. 瓦斯水合物生成控制因素探讨[J]. 煤炭学报, 2005, 30(3): 283-287.

[4]高霞, 刘文新, 高橙, 等. 含瓦斯水合物煤体强度特性三轴试验研究[J]. 煤炭学报, 2015, 40(12): 2829-2835.

[5]吴强, 朱福良, 高霞, 等. 晶体类型对含瓦斯水合物煤体力学性质的影响[J]. 煤炭学报, 2014, 39(8): 1492-1496.

[6]GAO X, YANG T, YAO K, et al. Mechanical performance of methane hydrate-coal mixture[J]. Energies, 2018, 11(6): 1-14.

[7]程远平, 雷杨. 构造煤和煤与瓦斯突出关系的研究[J]. 煤炭学报, 2021, 46(1): 180-198.

[8]康宇. 三轴压缩下含瓦斯水合物煤体力学特性的离散元研究[J]. 煤炭技术, 2022, 41(10): 106-110.

[9]张保勇, 吴强. 表面活性剂在瓦斯水合物生成过程中动力学作用[J]. 中国矿业大学学报, 2007, 36(4):478-481.

[10]卢义玉, 彭子烨, 夏彬伟, 等. 深部煤岩工程多功能物理模拟实验系统——煤与瓦斯突出模拟实验[J]. 煤炭学报, 2020, 45(S1):272-283.

[11]许江, 周斌, 彭守建, 等. 基于热-流-固体系参数演变的煤与瓦斯突出能量演化[J]. 煤炭学报, 2020, 45(1):213-222.

[12]张广辉, 邓志刚, 蒋军军, 等. 不同加载方式下强冲击倾向性煤声发射特征研究[J]. 采矿与安全工程学报, 2020, 37(5):977-982,990.

[13]胜山邦久. 声发射技术的应用[M]. 冯夏庭, 译. 北京: 冶金工业出版社, 1996.

[14]陈颙. 不同应力途径三轴压缩下岩石的声发射[J]. 地震学报, 1981, 3(1): 41-48.

[15]康宇. 低饱和度含瓦斯水合物突出煤体三轴压缩实验研究[J]. 黑龙江科技大学学报, 2016, 26(4): 383-386.

[16]曹树刚, 刘延保, 张立强. 突出煤体变形破坏声发射特征的综合分析

[J]. 岩石力学与工程学报, 2007, 26(1): 2794-2799.

[17] 杨永杰, 陈绍杰, 韩国栋. 煤样压缩破坏过程的声发射试验[J]. 煤炭学
报, 2006, 31(5): 562-565.

[18] 杨健, 王连俊. 岩爆机理声发射试验研究[J]. 岩石力学与工程学报,
2005, 24(20): 3796-3802.

[19] 左建平, 裴建良, 刘建锋, 等. 煤岩体破裂过程中声发射行为及时空演化
机制[J]. 岩石力学与工程学报, 2011, 30(8): 1564-1570.

[20] 余贤斌, 谢强, 李心一, 等. 直接拉伸、劈裂及单轴压缩试验下岩石的声
发射特性[J]. 岩石力学与工程学报, 2007, 26(1): 137-142.

[21] 曹树刚, 刘延保, 张立强, 等. 突出煤体单轴压缩和蠕变状态下的声发射
对比试验[J]. 煤炭学报, 2007, 32(12): 1264-1268.

[22] 张志博, 李树杰, 王恩元, 等. 基于声发射事件时-空维度聚类分析的煤体
损伤演化特征研究[J]. 岩石力学与工程学报, 2020, 39(S2): 3338-3347.

[23] 康宇, 吴强. 含瓦斯水合物突出煤体声发射特征影响因素探讨[J]. 黑龙
江科技信息, 2017(6): 55.

[24] 肖福坤, 侯志远, 何君, 等. 变角剪切下煤样力学特征及声发射特性[J].
中国矿业大学学报, 2018, 47(4): 822-829.

[25] 张浪. 突出煤体变形破坏过程声发射演化特征综合分析[J]. 煤炭学报,
2018, 43(S1): 130-139.

[26] 刘汉龙, 金林森, 姜德义, 等. 煤与砂岩复合岩声发射统计效应的试验与
最大似然理论[J]. 煤炭学报, 2019, 44(5): 1544-1551.

[27] SONG H H, ZHAO Y X, ELSWORTH D, et al. Anisotropy of acoustic
emission in coal under the uniaxial loading condition [J]. Chaos Solitons &
Fractals, 2020, 130: 109465.

[28] 王笑然, 王恩元, 刘晓斐, 等. 煤样三点弯曲裂纹扩展及断裂力学参数研
究[J]. 岩石力学与工程学报, 2021, 40(4): 690-702.

[29] 卢志国, 鞠文君, 高富强, 等. 结构性煤体间歇性破坏行为的实验及数值
模拟研究[J]. 岩石力学与工程学报, 2020, 39(5): 971-983.

[30] 杨科, 刘文杰, 窦礼同, 等. 煤岩组合体界面效应与渐进失稳特征试验
[J]. 煤炭学报, 2020, 45(5): 1691-1700.

[31] 牟宏伟, 何学秋, 宋大钊, 等. 不同节理夹角煤单轴压缩力学和声发射响
应及影响机制[J]. 煤炭学报, 2020, 45(5): 1726-1732.

[32] MENG H, WU L, YANG Y, et al. Experimental study on briquette coal
sample mechanics and acoustic emission characteristics under different binder

ratios［J］. ACS Omega, 2021,13(6): 8919-8932.

［33］KANG Y, WU Q. Pressure calculation of gas hydrate in the coastal area of the coastal area based on the set pair analysis［J］. Journal of Coastal Research, 2020, 103(S1): 1018-1021.

［34］MENG H, WU L, YANG Y, et al. Evolution of mechanical properties and acoustic emission characteristics in uniaxial compression: raw coal simulation using briquette coal samples with different binders［J］. ACS Omega, 2021, 6 (8): 5518-5531.

［35］MENG H, YANG Y, WU L, et al. Study of strength and deformation evolution in raw and briquette coal samples under uniaxial compression via monitoring their acoustic emission characteristics［J］. Advances in Civil Engineering, 2020, 2020(Pt. 20):1-16.

［36］HE Y, ZHAO P, LI S, et al. Mechanical properties and energy dissipation characteristics of coal-rock-like composite materials subjected to different rock-coal strength ratios ［J］. Natural Resources Research, 2021, 30(3): 2179-2193.

［37］LIU S, SHI, WAN Z, et al. Interrelationships between acoustic emission and cutting force in rock cutting［J］. Geofluids, 2021(1):1-12.

［38］XIA Z G, LIU S, BIAN Z, et al. Mechanical properties and damage characteristics of coal-rock combination with different dip angles［J］. KSCE Journal of Civil Engineering, 2021, 25(5): 1687-1699.

［39］LI N, SUN W, HUANG B, et al. Acoustic emission source location monitoring of laboratory-scale hydraulic fracturing of coal under true triaxial stress［J］. Natural Resources Research, 2021, 30(3): 2297-2315.

［40］ZHANG R, LIU J, SA Z, et al. Fractal characteristics of acoustic emission of gas-bearing coal subjected to true triaxial loading［J］. Measurement, 2020, 169: 108349.

［41］YIN D W, CHEN SHAO J, SUN XI Z, et al. Effects of interface angles on properties of rock-cemented coal gangue-fly ash backfill bi-materials［J］. Geomechanics and Engineering, 2021, 24(1): 81-89.

［42］雷兴林, 马瑾, 楠濑勤一郎, 等. 三轴压缩下粗晶花岗闪长岩声发射三维分布及其分形特征［J］. 地震地质, 1991, 13(2): 97-114.

［43］ALKAN H, CINAR Y, PUSCH G. Rock salt dilatancy boundary from combined acoustic emission and triaxial compression tests［J］. International

Journal of Rock Mechanics and Mining Sciences, 2007, 44(1):108-119.

[44]唐巨鹏,郝娜,潘一山,等. 基于声发射能量分析的煤与瓦斯突出前兆特征试验研究[J]. 岩石力学与工程学报, 2021, 40(1):31-42.

[45]孟召平,章朋,田永东,等.围压下煤储层应力-应变、渗透性与声发射试验分析[J].煤炭学报, 2020, 45(7):2544-2551.

[46]许江,唐晓军,李树春,等. 周期性循环载荷作用下岩石声发射规律试验研究[J]. 岩土力学, 2009, 30(5):1241-1246.

[47]陈勉,张艳,金衍,等. 加载速率对不同岩性岩石 Kaiser 效应影响的试验研究[J]. 岩石力学与工程学报, 2009, 28(S1):2599-2604.

[48]梁忠雨,高峰,杨晓蓉,等. 加载速率对岩石声发射信号影响的试验研究[J]. 矿业研究与开发, 2010, 30(1):12-14,95.

[49]万志军,李学华,刘长友. 加载速率对岩石声发射活动的影响[J]. 辽宁工程技术大学学报(自然科学版), 2001(4):469-471.

[50]吕森鹏,陈卫忠,贾善坡,等.脆性岩石破坏试验研究[J]. 岩石力学与工程学报, 2009, 28(S1):2772-2777.

[51]BACKERS T, STANCHITS S, DRESEN G. Tensile fracture nronaoation and acoust emission activity in sandstone: the effect of loadin rate [J]. International Journal of Rock Mechanics and Mining Sciences, 2005, 42 (78):1094-1101.

[52]张渊,曲方,赵阳升. 岩石热破裂的声发射现象[J]. 岩土工程学报, 2006(1):73-75.

[53]陈颙,吴晓东,张福勤. 岩石热开裂的实验研究[J]. 科学通报, 1999 (8):880-883.

[54]武晋文,赵阳升,万志军,等. 中高温三轴应力下鲁灰花岗岩热破裂声发射特征的试验研究[J]. 岩土力学, 2009,30(11):3331-3336.

[55]蒋海昆,张流,周永胜. 不同温度条件下花岗岩变形破坏及声发射时序特征[J]. 地震, 2000(3):87-94.

[56]苏承东,宋常胜,苏发强. 高温作用后坚硬煤样单轴压缩过程中的变形强度与声发射特征[J]. 煤炭学报, 2020, 45(2):613-625.

[57]SONG H, ZHAO Y, JIANG Y, et al. Experimental investigation on the tensile strength of coal: consideration of the specimen size and water content [J]. Energies, 2020, 13(24):6585.

[58]WANG H L, SONG D Z, LI Z L, et al. Acoustic emission characteristics of coal failure using automatic speech recognition methodology analysis[J]. In-

ternational Journal of Rock Mechanics and Mining Sciences, 2020, 136: 104472.

[59] LI Z, WANG F, SHU C M, et al. Damage effects on coal mechanical properties and micro-scale structures during liquid CO_2-ECBM process[J]. Journal of Natural Gas Science and Engineering, 2020, 83: 103579.

[60] YU K, QIANG W. Application of ant colony clustering algorithm in coal mine gas accident analysis under the background of big data research[J]. Journal of Intelligent & Fuzzy Systems, 2020, 38(2): 1381-1390.

[61] XU D, GAO M, ZHAO Y, et al. Study on the mechanical properties of coal weakenedby acidic and alkaline solutions[J]. Advances in Civil Engineering, 2020, 2020(Pt. 18): 1-15.

[62] XU W J, HU L M, GAO W. Random generation of the meso-structure of a soil-rock mixture and its application in the study of the mechanical behavior in a landslide dam[J]. International Journal of Rock Mechanics and Mining Sciences, 2016, 86: 166-178.

[63] ANTHONY T L. Shear strength of saturated clays with floating rock particle [D]. Pittsburgh: University of Pittsburgh, 1997.

[64] 荆鹏. 粒状土直剪试验的二维离散元模拟[D]. 北京: 北京交通大学, 2013.

[65] 赵金凤, 严颖, 季顺迎. 基于离散元模型的土石混合体直剪试验分析 [J]. 固体力学学报, 2014, 35(2): 124-134.

[66] 骆旭锋. 砂土和粘土直剪试验的颗粒流数值模拟与湿颗粒吸力研究[D]. 南宁: 广西大学, 2019.

[67] 金磊, 曾亚武, 叶阳, 等. 不规则颗粒及其集合体三维离散元建模方法的改进[J]. 岩土工程学报, 2017, 39(7): 1273-1281.

[68] 邢炜杰, 余湘娟, 高磊, 等. 基于颗粒流离散元的黏性土三轴剪切试验数值模拟[J]. 科学技术与工程, 2017, 17(35): 119-124.

[69] JIANG M J, SUN Y G, YANG Q J. A simple distinct element modeling of the mechanical behavior of methane hydrate-bearing sediments in deep seabed [J]. Granular Matter, 2013, 15(2): 209-220.

[70] 蒋明镜, 孙渝刚, 李立青. 复杂应力下两种胶结颗粒微观力学模型的试验研究[J]. 岩土工程学报, 2011, 33(3): 354-360.

[71] 蒋明镜, 张伏光, 孙渝刚, 等. 不同胶结砂土力学特性及胶结破坏的离散元模拟[J]. 岩土工程学报, 2012, 34(11): 1969-1976.

[72]宁孝梁. 黏性土的细观三轴模拟与微观结构研究[D]. 杭州:浙江大学, 2017.

[73]孙逸飞, 宋顺翔, 高玉峰. 级配散粒体循环荷载下变形特性的离散元模拟[J]. 中国矿业大学学报, 2018, 47(4): 874-878.

[74]WANG Y H, LEUNG S C. A particulate scale investigation of cemented sand behavior[J]. Canadian Geotechnical Journal, 2008, 45(1): 29-44.

[75]ARTHUR J, MENZIES B K. Inherent anisotropy in a sand [J]. Geotechnique, 1972, 22(1): 115-128.

[76]OCHIAI H, LADE P V. Three-dimensional behavior of sand with anisotropic fabric [J]. Journal of Geotechnical Engineering, 1983, 109 (10): 1313-1328.

[77]王锋. 基于离散元理论的土石混合料剪切特性研究[J]. 河南理工大学学报(自然科学版), 2017, 36(3): 131-136.

[78]周世琛, 郇筱林, 陈宇琪, 等. 天然气水合物沉积物不排水剪切特性的离散元模拟[J]. 石油学报, 2021, 42(1): 73-83.

[79]WINTERS W J, PECHER IA, BOOTH J S, et al. Properties of samples containing natural gas hydrate from the JAPEX/JNOC/GSC Malik 2L-38 gas hydrate resrearch well, determined using gas hydrate and sediment test laboratory instrument (GHASTLI)[J]. Geological Survey of Canada Bulletin, 1999, 544:241-250.

[80]WINTERS W J, WAITE W F, MASON D H, et al. Methane gas hydrate effect on sediment acoustic and strength properties[J]. Journal of Petroleum Science & Engineering, 2007, 56(1):127-135.

[81]LI Y H, SONG Y C, YU F, et al. Experimental study on mechanical properties of gas hydrate-bearing sediments using kaolin clay [J]. China Ocean Engineering, 2011, 25(1):113-122.

[82]HYODO M, NAKATA Y, YOSHIMOTO N, et al. Basic research on the mechanical behavior of methane hydrate-sediments mixture [J]. Soils and Foundations, 2005, 45(1):75-85.

[83]HYODO M, YONEDA J, YOSHIMOTO N, et al. Mechanical and dissociation properties of methane hydrate-bearing sand in deep seabed [J]. Soils and Foundations, 2013, 53(2):299-314.

[84]YONEDA J, MASUIA A, KONNO Y, et al. Pressure-core-based reservoir characterization for geomechanics: insights from gas hydrate drilling during

2012–2013 at the eastern Nankai Trough[J]. Marine and Petroleum Geology, 2018, 91:658.

[85] GHIASSIAN H, GROZIC J L H. Strength behavior of methane hydrate bearing sand in undrained triaxial testing[J]. Marine & Petroleum Geology, 2013, 43:310-319.

[86] LIU W, LUO T, LI Y, et al. Experimental study on the mechanical properties of sediments containing CH_4 and CO_2 hydrate mixtures[J]. Journal of Natural Gas Science and Engineering, 2016, 32:20-27.

[87] KAJIYAMA S, HYODO M, NAKATA Y, et al. Shear behaviour of methane hydrate bearing sand with various particle characteristics and fines[J]. Soils and Foundations, 2017, 57(2):176-193.

[88] YAN C, CHENG Y, LI M, et al. Mechanical experiments and constitutive model of natural gas hydrate reservoirs[J]. International Journal of Hydrogen Energy, 2017, 42(31):19810-19818.

[89] LUO T, LI Y, SUN X, et al. Effect of sediment particle size on the mechanical properties of CH_4 hydrate-bearing sediments[J]. Journal of Petroleum Science and Engineering, 2018, 171: 302-314.

[90] IWAI H, KONISHI Y, SAIMYOU K. Rate effect on the stress-strain relations of synthetic carbondioxide hydrate-bearing sand and dissociation tests by thermal stimulation[J]. Soils and Foundations, 2018, 58: 1113-1132.

[91] CHUVILIN E M, BUKHANOV B A, GREBENKIN S I, et al. Shear strength of frozen sand with dissociating pore methane hydrate: an experimental study [J]. Cold Regions Science and Technology, 2018, 153:101-105.

[92] 魏厚振, 颜荣涛, 陈盼, 等. 不同水合物含量含二氧化碳水合物砂三轴试验研究[J]. 岩土力学, 2011, 32(S2):198-203.

[93] 于锋. 甲烷水合物及其沉积物的力学特性研究[D]. 大连:大连理工大学, 2011.

[94] 李洋辉, 宋永臣, 于锋, 等. 围压对含水合物沉积物力学特性的影响[J]. 石油勘探与开发, 2011, 38(5):637-640.

[95] 李洋辉, 宋永臣, 刘卫国, 等. 温度和应变速率对水合物沉积物强度影响试验研究[J]. 天然气勘探与开发, 2012, 35(1):50-53,82.

[96] 颜荣涛, 韦昌富, 魏厚振, 等. 水合物形成对含水合物砂土强度影响[J]. 岩土工程学报, 2012, 34(7):1234-1240.

[97] 李令东, 程远方, 孙晓杰, 等. 水合物沉积物试验岩样制备及力学性质研

究[J]. 中国石油大学学报(自然科学版), 2012, 36(4):97-101.

[98]刘芳, 寇晓勇, 蒋明镜, 等. 含水合物沉积物强度特性的三轴试验研究[J]. 岩土工程学报, 2013, 35(8):1565-1572.

[99]石要红, 张旭辉, 鲁晓兵, 等. 南海水合物黏土沉积物力学特性试验模拟研究[J]. 力学学报, 2015, 47(3):521-528.

[100]鲁晓兵, 张旭辉, 石要红, 等. 黏土水合物沉积物力学特性及应力应变关系[J]. 中国海洋大学学报(自然科学版), 2017, 47(10):9-13.

[101]李彦龙, 刘昌岭, 刘乐乐, 等. 含甲烷水合物松散沉积物的力学特性[J]. 中国石油大学学报(自然科学版), 2017, 41(3):105-113.

[102]颜荣涛, 张炳晖, 杨德欢, 等. 不同温-压条件下含水合物沉积物的损伤本构关系[J]. 岩土力学, 2018, 39(12):4421-4428.

[103]吴起, 卢静生, 李栋梁, 等. 降压开采过程中含水合物沉积物的力学特性研究[J]. 岩土力学, 2018, 39(12):4508-4516.

[104]张保勇, 高橙, 高霞, 等. 高饱和度下含瓦斯水合物煤体应力-应变特性试验研究[J]. 采矿与安全工程学报, 2018, 35(2):429-435.

[105]高霞, 刘文新, 高橙, 等. 含瓦斯水合物煤体强度特性三轴试验研究[J]. 煤炭学报, 2015, 40(12):2829-2835.

[106]张保勇, 周泓吉, 吴强, 等. 不同驱动力下瓦斯水合物生长过程 Raman 光谱特征[J]. 光谱学与光谱分析, 2017, 37(9):2768-2773.

[107]吴强, 周竹青, 高霞, 等. NaCl 溶液中多组分瓦斯水合物的成核诱导时间[J]. 煤炭学报, 2015, 40(6):1396-1401.

[108]张强, 吴强, 张保勇, 等. NaCl-SDS 复合溶液中多组分瓦斯水合物成核动力学机理[J]. 煤炭学报, 2015, 40(10):2430-2436.

[109]吴强, 徐涛涛, 张保勇, 等. 甲烷浓度对瓦斯水合物生长速率的影响[J]. 黑龙江科技学院学报, 2010, 20(6):411-414.

[110]吴强, 张保勇. 瓦斯水合物在含煤表面活性剂溶液中生成影响因素[J]. 北京科技大学学报, 2007, 29(8):755-758,770.

[111]孙登林, 吴强, 张保勇. "记忆效应"对瓦斯水合物生成诱导时间的影响[J]. 哈尔滨工业大学学报, 2006, 38(12):2177-2179.

[112]WU Q, YU Y, ZHANG B Y, et al. Effect of temperature on safety and stability of gas hydrate during coal mine gas storage and transportation[J]. Safety Science, 2019, 118, 264-272.

[113]吴强, 王世海, 张保勇, 等. 瓦斯水合物相平衡测定及分解热计算[J]. 中国矿业大学学报, 2017, 46(4):748-754.

[114] 张保勇, 于跃, 吴强, 等. NaCl 对瓦斯水合物相平衡的影响[J]. 煤炭学报, 2014, 39(12):2425-2430.

[115] 吴强, 赵美蓉, 高霞. 丙烷对瓦斯水合物相平衡条件的影响[J]. 黑龙江科技大学学报, 2014, 24(1):38-42.

[116] 吴琼, 吴强, 张保勇, 等. 丙烷对瓦斯混合气水合物相平衡的影响[J]. 煤炭学报, 2014, 39(7):1283-1288.

[117] 吴强, 庞博, 张保勇, 等. THF 对高浓度瓦斯气体水合物生成压力–温度影响试验研究[J]. 安全与环境学报, 2011, 11(2):195-199.

[118] 卢斌, 吴强. 径向基神经网络的瓦斯水合物相平衡预测[J]. 黑龙江科技学院学报, 2009, 19(3):169-172.

[119] 吴强, 何学秋, 张保勇, 等. 表面活性剂在瓦斯水合物生成过程中的热力学作用[J]. 化工学报, 2006, 57(12):2793-2797.

[120] 吴强, 张保勇, 王永敬. 瓦斯水合物分解热力学研究[J]. 中国矿业大学学报, 2006, 35(5):658-661.

[121] 张强, 吴强, 张保勇, 等. 干水对水合物法分离瓦斯中 CH_4 的影响[J]. 中国矿业大学学报, 2016, 45(5):907-914.

[122] 吴强, 潘长虹, 张保勇, 等. 气液比对多组分瓦斯水合物含气量影响[J]. 煤炭学报, 2013, 38(7):1191-1195.

[123] ZHANG Q, ZHENG J J, ZHANG B Y, et al. Coal mine gas separation of methane via clathrate hydrate process aided by tetrahydrofuran and amino acids[J]. Applied Energy, 2021, 287: 116576.

[124] 吴强, 于洋, 高霞, 等. 七星矿煤体的微观孔隙结构特征[J]. 黑龙江科技大学学报, 2018, 28(4):374-378,404.

[125] 王维维, 康宇. 高瓦斯低透气松软煤层的水力压裂增透技术[J]. 黑龙江科技大学学报, 2018, 28(4): 359-362.

[126] 陈光进, 孙长宇, 马庆兰. 气体水合物科学与技术[M]. 北京:化学工业出版社, 2007.

[127] 杨永杰, 王德超, 郭明福, 等. 基于三轴压缩声发射试验的岩石损伤特征研究[J]. 岩石力学与工程学报, 2014, 33(1):98-104.

[128] 刘保县, 黄敬林, 王泽云, 等. 单轴压缩煤岩损伤演化及声发射特性研究[J]. 岩石力学与工程学报, 2009, 28(S1):3234-3238.

[129] 王璇, 徐明. 胶结型含可燃冰砂土剪切特性的离散元模拟[J]. 工程力学, 2021, 38(2): 44-51.

[130] 王宏乾, 周博, 薛世峰, 等. 可燃冰沉积物力学特性的离散元模拟分析

［J］. 力学研究, 2018, 7(3)：85-94.

［131］朱纪跃. 基于离散单元法的颗粒物质静动力学行为研究［D］. 兰州：兰州大学, 2013.

［132］肖俞, 蒋明镜, 孙渝刚. 考虑简化胶结模型的深海能源土宏观力学性质离散元数值模拟分析［J］. 岩土力学, 2011, 32(S1)：755-760.

［133］曾远. 土体破坏细观机理及颗粒流数值模拟［D］. 上海：同济大学, 2006.

［134］孙其诚, 厚美瑛, 金峰, 等. 颗粒物质物理与力学［M］. 北京：科学出版社, 2011：188-189.

［135］彭瑞东, 鞠杨, 高峰, 等. 三轴循环加卸载下煤岩损伤的能量机制分析［J］. 煤炭学报, 2014, 39(2)：245-252.

［136］苏承东, 熊祖强, 翟新献, 等. 三轴循环加卸载作用下煤样变形及强度特征分析［J］. 采矿与安全工程学报, 2014, 31(3)：456-461.

［137］苏承东, 尤明庆. 单一试样确定大理岩和砂岩强度参数的方法［J］. 岩石力学与工程学报, 2004(18)：3055-3058.

［138］钱万雄. 基于 EDEM 的黏土三维离散元模拟程序开发［D］. 徐州：中国矿业大学, 2020.

［139］朱福良. 含瓦斯水合物煤体力学性质实验研究［D］. 哈尔滨：黑龙江科技大学, 2014.

［140］于洋. 不同应力路径下含瓦斯水合物煤体强度及变形特性试验研究［D］. 哈尔滨：黑龙江科技大学, 2019.

［141］陈文胜, 康宇. 甲烷水合固化过程反应热实验研究［J］. 黑龙江科技学院学报, 2013, 23(2)：112-134.

［142］林呈祥. 月壤/模拟月壤力学特性颗粒流数值模拟研究［D］. 杭州：浙江大学, 2016.

［143］MU H, SONG D, HE X, et al. Damage and fracture law of coal samples with different joint angles and theircharacterisation by acoustic emission［J］. Structural Control and Health Monitoring, 2020, 27(12)：e262839.

［144］HAO Q, LIU X, HU A, et al. Research on stress threshold of deep buried coal rock under quasi-static strain rate based on acoustic emission［J］. Advances in Civil Engineering, 2020, 2020(Pt. 16)：8893917.

［145］HAO C, HOU Z, XIAO F, et al. Experimental study on influence of borehole arrangement on energy conversion and acoustic characteristics of coal-like material sample［J］. Shock and Vibration, 2020, 2020 (Pt.

8）:4790587.

[146]LI X, ZHANG D, YU G, et al. Research on damage and acoustic emission properties of rock under uniaxial compression［J］. Geotechnical and Geological Engineering, 2021, 39(5): 3549-3562.

[147]JING H, YIN Q, YANG S, et al. Damage and failure mechanism of tunnels in jointed rock mass［J］. Journal of Northeastern University (Natural Science), 2013, 34(10):1485-1489.

[148]QIU J, ZHOU Y, VATIN N I, et al. Damage constitutive model of coal gangue concrete under freeze-thaw cycles［J］. Construction and Building Materials, 2020, 264: 120720.

[149]ZHAO K, YU X, ZHU S, et al. Acoustic emission fractal characteristics and mechanical damage mechanism of cemented paste backfill prepared with tantalum niobium mine tailings［J］. Construction and Building Materials, 2020, 258: 119720.

[150]NIU H, ZHANG X, TAO Z, et al. Damage constitutive model of microcrack rock under tension［J］. Advances in Civil Engineering, 2020 (Pt. 21): 8835305.

附录　部分彩图

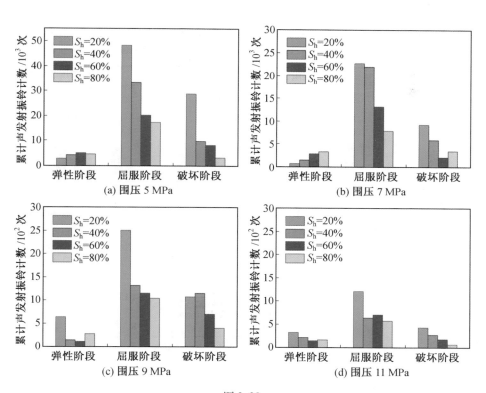

图 3.20

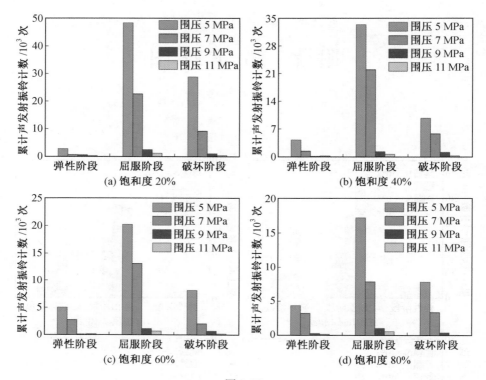

图 3.22

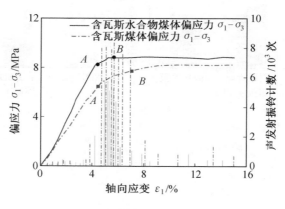

图 3.23

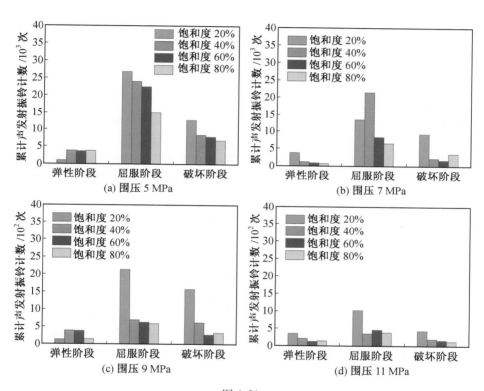

图 4.21

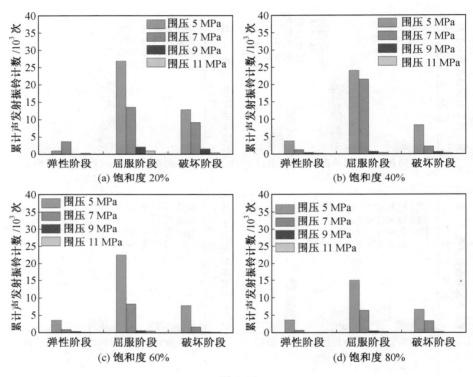

图 4.23

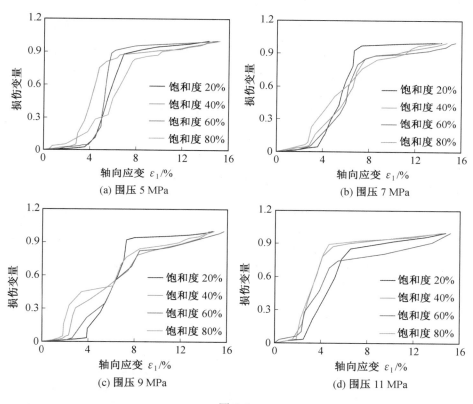

(a) 围压 5 MPa

(b) 围压 7 MPa

(c) 围压 9 MPa

(d) 围压 11 MPa

图 5.5

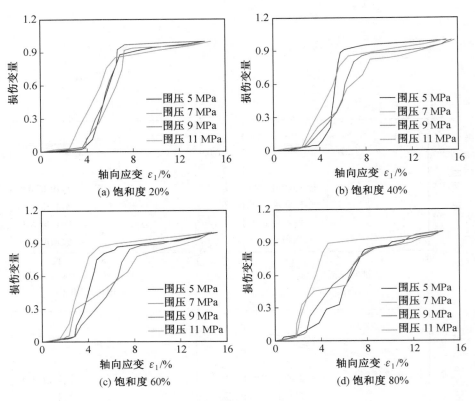

(a) 饱和度 20%

(b) 饱和度 40%

(c) 饱和度 60%

(d) 饱和度 80%

图 5.9

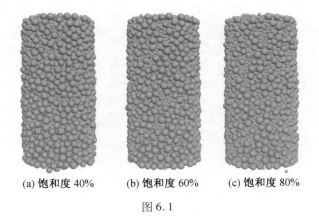

(a) 饱和度 40%　　　(b) 饱和度 60%　　　(c) 饱和度 80%

图 6.1

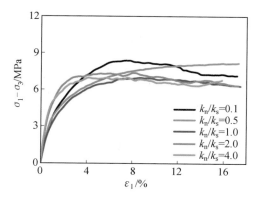

图 6.5

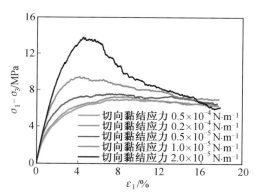

图 6.7

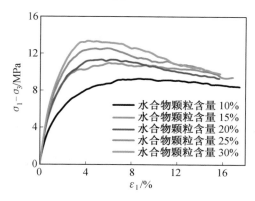

图 6.8

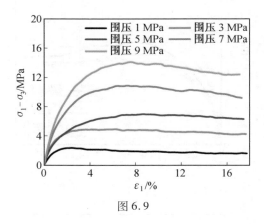

图 6.9

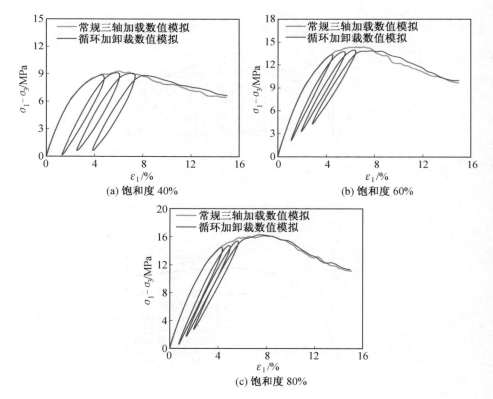

图 6.12